JN297981

# 土木・交通工学のための統計学

― 基礎と演習 ―

博士(工学) 轟　　朝幸
博士(工学) 金子雄一郎
博士(工学) 大沢　昌玄　共著
博士(工学) 長谷部　寛
博士(工学) 小沼　　晋
博士(工学) 川﨑　智也

コロナ社

大学生のための
食生活

# まえがき

　本書は，大学や高等専門学校などで土木・交通工学を専攻する学生をおもな対象とした，統計学に関する入門書です。本文中でも述べているとおり，統計学はデータを扱う理論や方法に関する学問であり，実験や調査から得られたデータの特性を的確に把握し，結果の評価や対策の検討に資する情報を提供するという重要な役割を担っています。

　これまで統計学の教科書は多数出版されており，良書も多く存在します。ただし，例題をはじめ扱っている問題については，一般的な事象を対象としているものが比較的多いため，自らの専門分野において，設定した課題に対してデータを収集・分析するといった状況に直面すると，取扱いに戸惑うことも少なくないと思われます。

　この点について本書では，統計学の基礎的な理論や方法をできるだけていねいに説明するとともに，土木・交通工学分野で実際に扱う問題を題材とした例題や演習問題を豊富に用意することで，学習者の理解促進と実践力の向上を図っています。したがって，大学等における基礎教育段階のみならず，例えば卒業研究などで実験や調査を行い，得られたデータを整理・分析する際にも，参考になるものと考えています。なお，本書の対象範囲は，統計学の基本である記述統計（データの整理方法，確率と確率分布），推測統計（推定と仮説検定），回帰分析までであり，分散分析や多変量解析などについては，今後，姉妹編が出版される予定です。

　本書は，日本大学理工学部土木工学科および交通システム工学科において，数理統計学やデータ解析の授業を担当している6名の教員によって執筆されたものです。各教員の専門分野は，構造工学，土木計画学，交通工学，建設管理工学，衛生工学と多岐にわたっており，各章の例題や演習問題の内容も，それ

ぞれの専門の内容を反映したものとなっています。これらの問題を解くことを通じて，土木・交通工学の各分野が対象としているさまざまな問題について，少しでも知る機会になれば幸いです。

　本書の執筆にあたり，著者らの同僚の先生方からは，さまざまな情報を提供いただきました。そのなかでも，土木工学科の佐藤正己先生には，例題に対する助言をいただくとともに，実験中の写真を提供いただきました。また，交通システム工学科 轟・川﨑研究室，土木工学科 金子研究室および小沼研究室の学生の皆さんには，例題や演習問題の作成に協力をいただきました。ここに記して，謝意を表します。なお，本書の各所でさまざまな写真を掲載していますが，これは読者に対象としている問題のイメージを持っていただくことを目的としたものであり，特定の組織や事業と関連したものでないことを，あらかじめお断りしておきます。

　最後に，コロナ社の各位には，刊行に至るまで多くの支援をいただきました。ここに厚く御礼申し上げます。

2015 年 8 月

著者一同

### 執筆者一覧　（執筆順）

| | | |
|---|---|---|
| 轟　　朝幸 | （日本大学） | 1 章，コラム |
| 長谷部　寛 | （日本大学） | 2 章 |
| 小沼　　晋 | （日本大学） | 3 章 |
| 川﨑　智也 | （日本大学） | 4 章 |
| 金子雄一郎 | （日本大学） | 5 章 |
| 大沢　昌玄 | （日本大学） | 6 章 |

（所属は 2015 年 8 月現在）

# 目　　次

## 1. 統計学とは

1.1　統計学の役割 ……………………………………………………… *1*
1.2　土木・交通工学分野における統計学 …………………………… *2*
1.3　統計学の分野 ……………………………………………………… *3*
　1.3.1　記述統計学 …………………………………………………… *4*
　1.3.2　推測統計学 …………………………………………………… *6*

## 2. データの統計学的整理方法

2.1　データの種類と尺度 ……………………………………………… *8*
　2.1.1　データの種類 ………………………………………………… *8*
　2.1.2　データの尺度 ………………………………………………… *10*
2.2　度数分布表とヒストグラム ……………………………………… *13*
　2.2.1　度数分布表 …………………………………………………… *13*
　2.2.2　データのグラフ化 …………………………………………… *16*
　2.2.3　ヒストグラム ………………………………………………… *17*
2.3　代　表　値 ………………………………………………………… *20*
　2.3.1　平　均　値 …………………………………………………… *20*
　2.3.2　中　央　値 …………………………………………………… *24*
　2.3.3　最　頻　値 …………………………………………………… *24*
2.4　散　布　度 ………………………………………………………… *25*
　2.4.1　データのばらつき …………………………………………… *25*
　2.4.2　最大値・最小値・範囲・外れ値 …………………………… *27*
　2.4.3　四　分　位　数 ……………………………………………… *27*
　2.4.4　分　　　散 …………………………………………………… *28*
　2.4.5　標　準　偏　差 ……………………………………………… *29*
　2.4.6　不　偏　統　計　量 ………………………………………… *30*
　2.4.7　変　動　係　数 ……………………………………………… *31*
　2.4.8　ヒストグラムの形状と分布の傾向 ………………………… *31*

2.5　Excel を用いた統計分析 ……………………………………………………… 34
　2.5.1　Excel による基本統計量の算出 ………………………………………… 34
　2.5.2　Excel による度数分布表，ヒストグラムの作成 ……………………… 36
演　習　問　題 ……………………………………………………………………… 39

## 3. 確率と確率分布

3.1　確率分布と確率変数 …………………………………………………………… 41
3.2　確率分布から確率関数へ ……………………………………………………… 44
　3.2.1　離散型・連続型の確率分布と確率変数 ………………………………… 44
　3.2.2　確率質量関数・確率密度関数 …………………………………………… 45
　3.2.3　累積分布関数 ……………………………………………………………… 46
3.3　二　項　分　布 ………………………………………………………………… 47
　3.3.1　ベルヌーイ試行とその確率 ……………………………………………… 47
　3.3.2　二項分布の導出 …………………………………………………………… 47
3.4　ポアソン分布 …………………………………………………………………… 53
　3.4.1　ポアソン分布の確率質量関数 …………………………………………… 53
　3.4.2　ポアソン分布の平均値と分散 …………………………………………… 55
　3.4.3　二項分布とポアソン分布の選択指針 …………………………………… 55
3.5　正　規　分　布 ………………………………………………………………… 58
　3.5.1　正規分布の確率密度関数 ………………………………………………… 58
　3.5.2　標準正規分布とその確率密度関数 ……………………………………… 61
　3.5.3　正規分布における標準偏差の範囲 ……………………………………… 66
3.6　そのほかの主要な確率分布 …………………………………………………… 69
　3.6.1　一　様　分　布 …………………………………………………………… 69
　3.6.2　幾　何　分　布 …………………………………………………………… 70
　3.6.3　指　数　分　布 …………………………………………………………… 70
　3.6.4　対数正規分布 ……………………………………………………………… 71
3.7　確率および確率分布に関する Excel の利用 ………………………………… 72
演　習　問　題 ……………………………………………………………………… 73

## 4. 推　　　　　定

4.1　母集団の統計量の推定 ………………………………………………………… 75
　4.1.1　母　集　団　と　標　本 ………………………………………………… 75

4.1.2　点推定と区間推定 ……………………………………………… 77
4.2　標本平均の分布 ………………………………………………………… 81
　4.2.1　中心極限定理と大数の法則 ……………………………………… 81
　4.2.2　標本平均と分散 …………………………………………………… 83
4.3　各種推定の方法 ………………………………………………………… 84
4.4　母平均の推定 …………………………………………………………… 85
　4.4.1　母平均の推定（母分散が既知の場合）………………………… 85
　4.4.2　母平均の推定（母分散が未知の場合）………………………… 88
　4.4.3　サンプルサイズの決定 …………………………………………… 93
4.5　母平均の差の推定 ……………………………………………………… 96
　4.5.1　母分散が既知のとき ……………………………………………… 97
　4.5.2　母分散が未知だが等しいとき …………………………………… 98
　4.5.3　母分散が未知で等しくないとき ………………………………… 100
4.6　母比率の推定 …………………………………………………………… 102
　4.6.1　推　定　方　法 ………………………………………………………… 102
　4.6.2　サンプルサイズの決定 …………………………………………… 104
4.7　母分散の推定 …………………………………………………………… 105
4.8　母分散の比の推定 ……………………………………………………… 109
演　習　問　題 …………………………………………………………………… 111

# 5．仮　説　検　定

5.1　検定の考え方 …………………………………………………………… 113
5.2　検　定　の　手　順 …………………………………………………………… 115
　5.2.1　検　定　の　方　法 ………………………………………………………… 115
　5.2.2　検定の誤り―第1種の誤り・第2種の誤り― ………………… 118
　5.2.3　両側検定・片側検定 ……………………………………………… 119
5.3　各種検定の方法 ………………………………………………………… 121
　5.3.1　母平均の検定 ……………………………………………………… 122
　5.3.2　母比率の検定 ……………………………………………………… 126
　5.3.3　母平均の差の検定 ………………………………………………… 128
　5.3.4　適　合　度　検　定 ………………………………………………………… 134
　5.3.5　独　立　性　検　定 ………………………………………………………… 140
5.4　Excelを用いた仮説検定 ……………………………………………… 143

| 5.4.1 確率の計算 | 143 |
| 5.4.2 等分散の検定（$F$検定） | 143 |
| 5.4.3 母平均の差の検定 | 144 |
| 5.4.4 クロス集計表の作成方法 | 144 |

演習問題 …………………………………………………… 147

## 6. 回帰分析

| 6.1 二つの変数の関係を分析する基礎：散布図 | 149 |
| 6.1.1 散布図 | 149 |
| 6.1.2 外れ値（異常値）の存在と扱い | 151 |
| 6.2 二つの変数の関係性を評価する方法：相関分析 | 152 |
| 6.2.1 相関分析 | 152 |
| 6.2.2 相関分析を用いてわかることの解釈の注意 | 155 |
| 6.3 二つの変数の従属関係を分析する：回帰分析 | 159 |
| 6.3.1 線形回帰 | 159 |
| 6.3.2 決定係数 | 162 |
| 6.3.3 回帰係数の検定：$t$検定 | 163 |
| 6.3.4 線形回帰以外の回帰分析 | 166 |
| 6.4 三つ以上の変数の従属関係を分析する：重回帰分析 | 168 |
| 6.5 Excelを用いた回帰分析 | 170 |
| 6.5.1 散布図 | 170 |
| 6.5.2 相関分析 | 170 |
| 6.5.3 回帰分析 | 170 |

演習問題 …………………………………………………… 172

付録 ………………………………………………………… 175
引用・参考文献 …………………………………………… 182
演習問題解答 ……………………………………………… 185
索引 ………………………………………………………… 189

# 1 統計学とは

統計学とはデータを扱う理論や方法に関する学問である。本章では，統計学が扱うデータ分析の必要性について述べる。土木・交通工学などの工学分野において統計学がなぜ必要かについても言及する。また，統計学の種類（記述統計学，推測統計学）について概説する。

## 1.1 統計学の役割

統計学が最強の学問である[†]といわれることがある。なぜ統計学は最強の学問といわれるのか。それは，政治学・経済学であろうが医学であろうが，もちろん科学でも工学でも，どんな学問分野でも統計学的手法による分析結果は，検討や議論の根拠となるからである。

身の回りにはデータがあふれている。データとは，何らかの目的のために取得された数値やその集合体である。身長・体重・肺活量・視力などの身体的特徴，気温・風速・降水量などの気象特性，数学や英語などの試験結果（学力），試合の得点・打率・防御率などのスポーツデータなどさまざまである。土木・交通工学の分野でも，橋梁の部材にかかる荷重（構造工学）・土の粒子の大きさ（地盤工学）・河川の流量（河川工学）・地盤の高低差（測量学）・交通量（交通工学）・水質（環境工学）などの測定データ，人口・世帯所得・生産高・土地利用別面積などの社会経済データをよく用いる。このデータからいろいろなことがわかるが，データそのものは数値の単なる羅列であり，漠然と眺めていても何もわからない。データを分類したり，数え上げたり，平均したりと何

---

[†] ベストセラーとなったビジネス書に『統計学が最強の学問である』（西内啓 著，ダイヤモンド社（2013））がある。

らかの手を加えて分析することで，データが持っている特性をとらえることができる。つまり，数値を用いて，自然・社会現象などの特性を客観的に表したり，可視化（見える化）したりすることができ，測定結果の評価や課題の抽出，改善策の検討などに，きわめて役立つ情報となる。

集積されたデータを総称して**統計**（statistics[†1]）と呼ぶ。そして，このデータの収集・分析などを扱う学問が**統計学**（statistics[†2]）である。統計学の知識を身につけ，さまざまなデータを分析し，それらの結果を適切に判断する能力を身につければ，必ず将来において社会に貢献できる技術者になれるであろう。

## 1.2 土木・交通工学分野における統計学[1)]

土木・交通工学分野では，より良い地域社会を築くためのインフラ（社会基盤施設）に関するさまざまな技術的知識を学ぶ。そこでは地域社会で将来起こりうる課題への対処が求められている。将来を展望するには，まずは地域社会で起きている実現象を深く洞察する必要があるが，実現象には**不確定性**（uncertainty）が伴う。自然現象にはつきものの偶然性（ランダムネス）に起因する「現象論的不確定性」であり，得られたデータはばらつきを含む。例え

**写真 1.1** 鉄筋の引張強度試験

---

[†1] 語尾の s は statistic の複数形であることを表す。
[†2] 語尾の s は学問を意味し，statistics で単数形。

ば，鉄筋の引張強度試験を5回行えば，五つの異なる測定データ（数値）が得られる（**写真1.1**）。

　この違いは，同一条件下での実験に努めたとしても，鉄筋の材料の微妙な違いや試験時の気温・湿度など環境条件の違いなどから偶発的に発生する。このばらつきは元来存在するものであり，この現象論的不確定性を低減することは不可能である。実際にどのような測定値（あるいは測定値の範囲）をとるかは，確率論にかかわることである。つまり，データは確率的に出現した結果ということができ，これらの分析に統計学的知見が必要となる。

　不確定性には，もう一つのタイプがある。将来起こりうる現象を予測するためには，現象をシミュレートする数学モデルを用いる。このモデルは，実現象を記述した数式であるが，実現象はきわめて複雑な要因の組合せからなり，数式ですべてを表現することは不可能である。つまり，現実に関する知識が不足しているか関連する情報が不完全であるために，実現象を完全にモデル化できないのである。これに起因して，もう一つのタイプの「認識論的不確定性」が発生する。例えば，実際の現場において鉄筋の設計を行う場合，実験の環境条件下での観測値をもとに，現場での鉄筋強度の予測を行い，その結果に基づき配筋設計を行う。その鉄筋強度の予測には，気温や湿度などを変数（要因）としたモデルを構築するが，採用された変数だけでは不完全であり，このモデルから算出される予測値は不正確さを含んでいる。この不正確さも確率として扱うことができ，予測分析においても統計学的知見が必要となる。なお，この認識論的不確定性はモデルを精緻化することで低減できる可能性がある。

## 1.3　統計学の分野

　統計学には，**図1.1**のように記述統計学と推測統計学の二つの分野がある。

4 　1. 統 計 学 と は

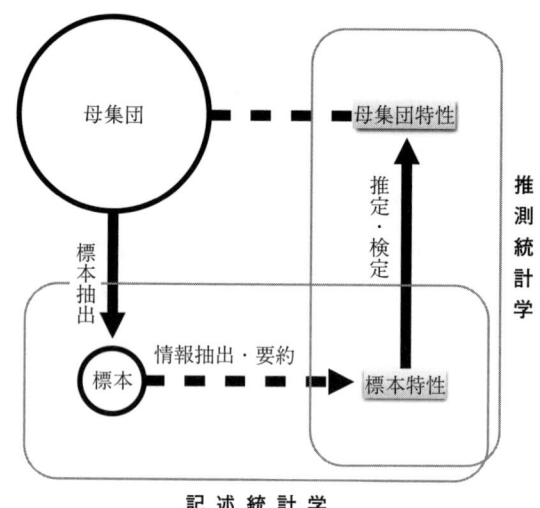

図 1.1　統計学分野の模式図

### 1.3.1 記 述 統 計 学

　記述統計学とは，計測などによって取得したデータの特性を把握するために，データが持つ情報を抽出・要約することに関する学問分野である。
　例えば，ある道路の A 地点および B 地点それぞれを，朝 7 時台に通過するすべての車両の速度を観測して平均値を求めたところ，「A 地点は 24.5 km/h，B 地点は 20.8 km/h であり，B 地点のほうが朝ラッシュ時の渋滞がひどいことがわかった（**図 1.2**）」という使い方ができる。

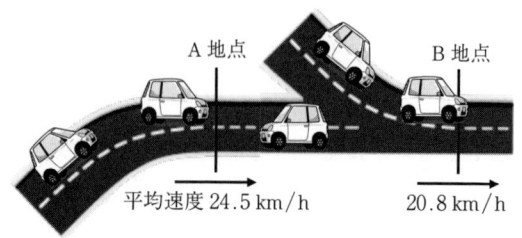

図 1.2　車両速度の観測結果

平均はデータの特性を表す最もよく使われる統計的指標である。しかし，平均だけで2地点の速度の特性をすべて表すことができるだろうか。データをよく見たところ，B地点では50〜60 km/hの車両が数十台あったが，一方で，A地点は0台であった。つまり，A地点は全車両の速度が低速であったのに対し，B地点ではきわめて遅い車両と，そこそこの速度で走行している車両が混在していることがわかった。平均がデータ全体の特性を表すことができず，このような場合はデータのばらつきの様子も見ることで，データ特性をより詳細に知ることができる。ばらつきを表す代表的な統計的指標は標準偏差である。ほかにも統計的指標としては，最大値・最小値・中央値などもあり，これらの指標を算出して，データの特性や傾向をさまざまな側面から把握することが可能となる（詳細は，2章を参照）。

また，ばらつきを視覚的に表すために頻度グラフ（ヒストグラム）を描くとよい（**図1.3**）。このばらつきの形を分布といい，その分布形を数式で表すこともできる。この数式を確率関数あるいは確率密度関数[†]といい，これらはデータの特性を表す数学的表現である（詳細は，3章を参照）。

これら統計的指標および確率密度関数が意味するところを理解すれば，取得できたデータの特性を的確に抽出・要約できる。

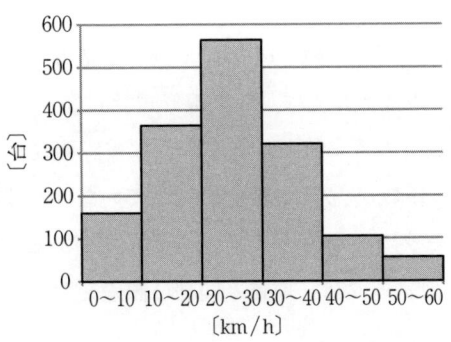

**図1.3** 速度の頻度グラフ

---

† 離散型分布の場合は確率関数（あるいは確率質量関数）といい，連続型関数は確率密度関数という。

## 1.3.2 推測統計学

推測統計学とは，取得した一部のデータ（標本）から全体のデータ（母集団）の特性を把握する理論や方法に関する学問分野である。1920年代に生まれた比較的新しい分野である。

例えば，ある道路の朝7時台に車両速度をランダムに100台抽出して観測調査し，そのデータを使って1.3.1項で述べたように平均や標準偏差を計算する。その結果は，抽出された100台の特性を表しているが，朝7時台に通行する全車両の速度の特性を表しているといってよいのだろうか。推測統計学の理論からいうと，抽出されたデータ（標本）は全体（母集団）の特性を表しているといえるのである（詳細は，4章を参照）。しかし，抽出データ（標本）から全体（母集団）の特性を推定するのであるから，どうしても推定された値には誤差が生じる。そこで，誤差を把握しながら推定値が母集団の特性を表しているかを検定する必要がある（詳細は，5章を参照）。また，複数の母集団どうしの違いを検定する場合もある。推測統計学では，この誤差を把握して検定を行うからこそ，全数を調査することなく，一部の抽出データ（標本）を分析して，全体（母集団）の特性について考察することが許されるのである。

また，予測を行う場合などでは，現象を記述するモデルを作成して，予測値を推測する。モデルでは，予測したい変数（被説明変数）$y$とその要因となる変数（説明変数）$x$の関係が係数（パラメータ）$a$, $b$などを加えた数式で表現される。簡単なモデル式としては，一次線形式である$y = a + bx$がある。この式を用いて説明変数$x$の将来値が与えられれば被説明変数$y$の予測値が算出できる。このとき，係数$a$, $b$には数値が入っていなければならず，これらは取得された現況データなどをもとに推定する必要がある（詳細は，6章を参照）。推定されたパラメータは，前述と同様に誤差を含んでおり，この誤差を評価するための検定も重要となる。

> **コラム**

### ギリシャ文字の統計的意味

統計学では，統計指標や変数・係数などの統計用語の記号としてギリシャ文字が使われる。それぞれのギリシャ文字には，一般的に特定の統計用語があてられている。特に推定量（例えば，母平均 $\mu$，母標準偏差 $\sigma$）を表す記号に使われるが，それはなぜだろうか。ギリシャ文字が使われる理由は，推定量は神のみぞ知る数値だからだといわれている。一方で，人間が知りうる数値（例えば，標本平均 $\bar{x}$，標本標準偏差 $s$）では，アルファベットが使われるのである。

これらギリシャ文字の一般的な統計学的意味を覚えていると統計分析を行う際に便利であるばかりか，一般的な意味と異なる記号を用いた場合に読み手が誤解してしまうことを防ぐことができる。

以下の**表**にギリシャ記号の読みと一般的な統計の意味をまとめておく。また，あわせて土木工学分野で用いられる一般的な意味も掲載しておく。ただし，ここに挙げた以外の意味で使われることもあるので注意が必要である。

**表 ギリシャ文字の読み方とその用法**

| 大文字 | 小文字 | 読み方 | 統計学での一般的な用法 | 土木工学での一般的な用法 |
|---|---|---|---|---|
| A | $\alpha$ | アルファ | $\alpha$：有意水準，回帰係数，第1種の過誤 | |
| B | $\beta$ | ベータ | $\beta$：回帰係数，第2種の過誤 | |
| $\Gamma$ | $\gamma$ | ガンマ | $\Gamma$：ガンマ関数 | $\gamma$：単位体積重量（地盤力学） |
| $\Delta$ | $\delta$ | デルタ | $\Delta, \delta$：変化量 | $\delta$：変位（応用力学） |
| E | $\varepsilon$ | イプシロン | $\varepsilon$：誤差項 | $\varepsilon$：ひずみ（応用力学） |
| Z | $\zeta$ | ゼータ | | |
| H | $\eta$ | イータ | | |
| $\Theta$ | $\theta$ | シータ | $\theta$：母数，定数 | |
| I | $\iota$ | イオタ | | |
| K | $\kappa$ | カッパ | | |
| $\Lambda$ | $\lambda$ | ラムダ | $\lambda$：ポアソン分布のパラメータ | |
| M | $\mu$ | ミュー | $\mu$：母平均 | |
| N | $\nu$ | ニュー | | |
| $\Xi$ | $\xi$ | グサイ | | |
| O | $o$ | オミクロン | | |
| $\Pi$ | $\pi$ | パイ | $\Pi$：総乗，$\pi$：円周率 | |
| P | $\rho$ | ロー | $\rho$：母相関係数 | $\rho$：密度（水理学） |
| $\Sigma$ | $\sigma$ | シグマ | $\Sigma$：総和，$\sigma$：母標準偏差（$\sigma^2$：母分散） | $\sigma$：垂直応力（応用力学） |
| T | $\tau$ | タウ | | $\tau$：せん断応力（応用力学） |
| $\Upsilon$ | $\upsilon$ | ウプシロン | | |
| $\Phi$ | $\phi$ | ファイ | $\phi$：自由度 | |
| X | $\chi$ | カイ | $\chi^2$：カイ二乗分布，カイ二乗検定 | |
| $\Psi$ | $\psi$ | プサイ | | |
| $\Omega$ | $\omega$ | オメガ | | |

# 2 データの統計学的整理方法

　土木・交通工学の分野では，材料の強度試験や交通量調査，都市の人口の推移，河川の汚濁物質の混入度合いなど，さまざまな場面で実験，実測，調査に基づく多数のデータを扱う。さらに，得られたデータからその特性を見出す必要がある。多くの場合，数値の羅列である取得データを，単に目で眺めているだけでは，その特性を明らかにすることは難しい。したがって，通常はいくつかの方法によってデータを整理し，客観的にその特性を見出す。これを統計学では記述統計学と呼ぶ。本章では，記述統計学に基づくデータの整理方法を学ぶ。はじめに，データの分布の特性を知るための方法として，度数分布表およびヒストグラムについて述べる。つぎに，データの特性を数値的尺度として示す代表値および散布度について述べる。

## 2.1 データの種類と尺度

### 2.1.1 データの種類

　**写真 2.1** は橋梁工学の授業で実施した，橋梁を模擬した模型に重りを載荷して鉛直方向の変位（たわみ）の最大値を測定した実験の様子である。**表 2.1** に 20 人の学生の測定結果を示す。これらはどれも数値のデータであるが，「測定者」は学生を区別するために振られた数値であり，これらの数値の大小が意味を持つことはない。したがって，測定者 1 を測定者 A に，測定者 2 を測定者 B に書き換えても差し支えない。一方で「測定値」は（当然ながら）その数値の大小がたわみの大小を表しており，数値自体に意味がある。

　**表 2.2** はある幹線道路の工事実施に伴い行った，近隣住民への工事騒音に関するアンケート調査の結果である。「回答」は 1～5 の数値であるが，騒音の程度を数値に書き換えたものであり，その大小関係（順序）に意味があり，

## 2.1 データの種類と尺度

**表 2.1** 橋梁模型のたわみの最大値の測定結果

| 測定者 | 測定値〔cm〕 | 測定者 | 測定値〔cm〕 |
|---|---|---|---|
| 1 | 4.46 | 11 | 5.20 |
| 2 | 6.87 | 12 | 6.06 |
| 3 | 6.95 | 13 | 6.10 |
| 4 | 4.61 | 14 | 6.29 |
| 5 | 3.98 | 15 | 4.75 |
| 6 | 5.64 | 16 | 5.24 |
| 7 | 6.23 | 17 | 5.05 |
| 8 | 5.67 | 18 | 5.70 |
| 9 | 4.77 | 19 | 7.03 |
| 10 | 5.76 | 20 | 6.53 |

**写真 2.1** 橋梁模型のたわみを測定する実験の様子

**表 2.2** ある幹線道路の工事騒音調査結果

| 回答者 | 回答 |
|---|---|
| 1 | 2 |
| 2 | 3 |
| 3 | 3 |
| 4 | 1 |
| 5 | 4 |
| 6 | 5 |
| 7 | 3 |
| 8 | 3 |
| 9 | 2 |
| 10 | 4 |

1： まったく気にならない
2： あまり気にならない
3： どちらともいえない
4： 時々気になる
5： 非常に気になる

数値自体には意味はない。例えば，2を選択した人が，1を選択した人よりも2倍騒音を感じているわけではない。ただし，数値の順序に意味があることから，選択肢を「3：非常に気になる」，「5：どちらともいえない」，という具合に入れ替えることはできない。

このようにひとくちにデータといっても，その数値が表す意味は大きく異なり，その結果，適用できる演算の種類も異なる。以上のような性質の違いを持つデータを区分する基準に**測定尺度**（scale）がある。

データは大きく分けて二種類に分類される。簡単にいえば，数値で表せるデータと表せないデータの二種類である。たわみ，材料強度，交通量，気温，試験の点数など，数値で表され，その値に意味のあるデータを**量的データ**と呼ぶ。一方で，前述の「測定者」や「回答者」，「回答」のように，対象となる人・物・現象などの違いを区分するために振られたデータを**質的データ**と呼ぶ。

### 2.1.2 データの尺度

質的データ，量的データはそれぞれ二つの尺度に分類される[1]。質的データは**名義尺度**と**順序尺度**に分けられる。「測定者」や「回答者」は人を区別するためだけの数値であり，数値自体に意味はない。例えば，回答者2が回答者1に対して何かが2倍であるわけではなく，回答者1を回答者10に，回答者2を回答者20と書き換えても支障はない。このような単にカテゴリーの分類を表すデータを名義尺度と呼ぶ。

名義尺度に分類されるデータに対して足し算や掛け算などの演算は行うことはできない。例えば，表2.1の測定班のデータの合計値を求めると210になるが，この値に意味はない。名義尺度に対して適用できる演算は数のカウントのみである。

アンケート調査では表2.2のようにその選択肢が「1：良い，2：普通，3：悪い」といった具合に数値で表されることが多い。ただし，「1：良い」を選んだ回答者が「2：普通」を選んだ回答者よりも2倍良いと感じているわけではなく，数値の間隔（差）には意味はない。このようなデータも質的データに分類される。しかし，前述の名義尺度と異なり，数値の違いが状態の順序関係を表していることから順序尺度と呼ばれる。順序尺度に分類されるデータは，数のカウントだけでなく，大小関係の比較が可能である。

一方で，量的データは**間隔尺度**と**比例尺度**に分けられる。どちらも数値に大小関係があり，かつその間隔にも意味がある。間隔尺度と比例尺度の違いは，絶対的な原点（ゼロ点）があるかないか，もしくはデータが比例関係にあるかないかである。

間隔尺度の代表例は気温である。気温10℃の日に比べて20℃の日が2倍暑いわけではない。ただし，気温の間隔は等間隔である。日本では気温は「摂氏」で表されるが，この単位は水の氷点を0℃（273.15 K[†]に相当）として，そこからの差を用いて温度を表したものである[2)]。したがって，基準点を異なる値にとれば，気温の値も変化する。このように，数値として表されるデータのなかで，間隔は等間隔であるが物理的な原点を持たないデータを間隔尺度と呼ぶ。なお，米国などでは気温は「華氏」（単位：°F）で表される。華氏の32°Fが摂氏の0℃に相当することから，気温の原点は物理的な原点でないことがわかる。間隔尺度に分類されるデータは，その間隔が等間隔であることから加算と減算が適用可能である。

表2.1のたわみや材料強度，交通量，試験の点数など，絶対的な原点を持つデータは比例尺度に分類される。間隔尺度の持つ性質に加えて，物理的な原点を持ち，データは比例関係にある。例えば，同一測定箇所のたわみが2 mmの結果と4 mmの結果を比べた場合，後者は2倍変形している。以上の点から，比例尺度に対しては加減乗除の四則演算すべてが適用可能である。

これら四つの尺度を整理すると**表2.3**になる。測定尺度によって，適用可能な演算が限られていること，名義尺度から比例尺度に近づくにつれて，適用可能な演算の種類が増えることは特に重要であり，これらのポイントを認識したうえで，統計分析を行わなければならない。

**表2.3** 測定尺度の分類

| | 測定尺度 | 適用可能な演算 | データの例 |
|---|---|---|---|
| 質的データ | 名義尺度 | カウント | クラス，学生番号，性別 |
| | 順序尺度 | >, <, = | 順位，アンケート選択肢 |
| 量的データ | 間隔尺度 | +, − | 気温，西暦，pH値 |
| | 比例尺度 | +, −, ×, ÷ | たわみ，材料強度，交通量 |

---

† Kは熱力学温度（絶対温度）の単位ケルビンである。

2. データの統計学的整理方法

【例題2.1】 データを数値として比較するための尺度について，(1)～(4)の説明文に該当する尺度を答えよ。

(1) 数値の差のみに意味がある尺度（例：温度，指数，GPA など）

(2) 数値がカテゴリーの分類を示しただけの尺度
　　　（例：性別，血液型，組 など）

(3) 順序関係（大小関係）を表した尺度
　　　（例：満足度，選好度，学年 など）

(4) 数値の差とともに数値の比にも意味がある尺度
　　　（例：質量，長さ，時間 など）

【解答】 (1) 間隔尺度，(2) 名義尺度，(3) 順序尺度，(4) 比例尺度 ◇

---

**コラム**　　　　　有　効　数　字

　実験の測定結果の平均などを電卓や Microsoft Excel（以降，Excel と表記）などで計算すると，小数点以下に何桁も数字が並んでくる。それをそのままレポートや報告書に記述するのは，測定値を扱う技術者としては非常識である。

　測定値は，末尾の数値以下が丸められて（四捨五入されて）いることから，それ以下の桁については不明であり，意味がないのである。このように意味がある数字を有効数字といい，科学や工学分野にとって，数値の精度に関する重要な概念である。

　例えば，ある道路幅員 $w$ を計測したところ 5.34 m であったとしよう。これは，$5.335 \leq w < 5.345$ の範囲であることを表している。つまり，測定値 5.34 m の小数第 2 位は誤差を含んでいる。これは，計測機器の精度にも関係し，小数点 2 桁以下を計測する精度を持っていない場合なども，このような表現となる。

　このような測定値を用いた計算では，計算結果にも有効数字が伝播する。以下に四則演算における有効数字の簡便なルールを示しておく。

**1）加減算**

　足し算（引き算）では，計算を行ったすべての数値のうち，最も大きい有効桁位を有効数字とする。

　　　（例）　$10 + 50.51 - 11.2 = 49.31$

　この計算では，10 の有効桁位は 1 位，50.51 は小数第 2 位，11.2 は小数第 1 位

である．したがって，有効桁位の最も大きい1位までが有効数字となり，小数第1位の0.3を四捨五入して49とする．

2） **剰余算**

かけ算（割り算）の場合には，計算を行ったすべての数値のうち，最も少ない有効数字の桁数を計算結果の有効桁数とする．

（例） $10 \times 50.51 \div 11.2 = 45.0982\cdots$

10の有効数字の桁数は2桁，50.51は4桁，11.2は3桁である．したがって，小数第1位を四捨五入して最も少ない有効桁数の2桁の45とする．

## 2.2 度数分布表とヒストグラム

### 2.2.1 度数分布表

土木・交通分野で多数のデータを扱う一例にパーソントリップ調査[3]がある．パーソントリップ調査は，図2.1に示すように，人の移動に関する調査であり，移動の目的，出発地と目的地，手段などを調査する．表2.4に示すデータはパーソントリップ調査結果の一例である．これらのデータは，ある地域（ゾーン）から他の地域（ゾーン）へ移動する際の平均的な所要時間であり，すべてのデータからランダムに200個抽出したものである．表2.4の200個のデータだけを見ても，平均所要時間が何分か，何分台の所要時間が最も多いかなど，調査結果の客観的な傾向を見出すことは困難である．それはデータがさまざまな値をとっているためである．このように，ある現象が大小さまざまな大きさで起こることを**分布**（distribution）するという．

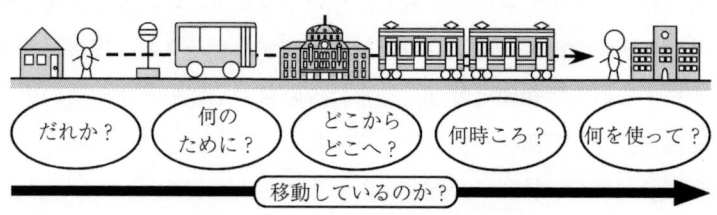

図2.1　パーソントリップ調査の概念図

**表2.4 ある地域から他の地域への平均所要時間〔分〕**

| 63 | 43 | 70 | 59 | 169 | 52 | 32 | 27 | 96 | 51 |
|---|---|---|---|---|---|---|---|---|---|
| 116 | 90 | 40 | 108 | 67 | 45 | 72 | 57 | 90 | 79 |
| 53 | 41 | 46 | 130 | 70 | 105 | 56 | 95 | 80 | 33 |
| 60 | 78 | 42 | 72 | 45 | 93 | 68 | 85 | 117 | 37 |
| 111 | 82 | 100 | 150 | 90 | 79 | 81 | 45 | 58 | 90 |
| 60 | 44 | 160 | 46 | 43 | 83 | 55 | 58 | 64 | 69 |
| 155 | 90 | 46 | 100 | 72 | 100 | 104 | 120 | 102 | 120 |
| 150 | 60 | 113 | 32 | 150 | 90 | 162 | 53 | 50 | 97 |
| 100 | 21 | 33 | 82 | 61 | 120 | 90 | 59 | 100 | 61 |
| 60 | 41 | 51 | 37 | 49 | 31 | 34 | 44 | 46 | 98 |
| 60 | 157 | 63 | 115 | 60 | 64 | 91 | 60 | 71 | 46 |
| 44 | 120 | 96 | 53 | 110 | 120 | 60 | 94 | 50 | 10 |
| 60 | 79 | 120 | 150 | 80 | 75 | 37 | 110 | 90 | 75 |
| 58 | 43 | 57 | 72 | 28 | 61 | 66 | 120 | 50 | 60 |
| 59 | 130 | 19 | 48 | 40 | 81 | 20 | 37 | 90 | 50 |
| 28 | 26 | 115 | 90 | 70 | 135 | 83 | 135 | 58 | 77 |
| 60 | 45 | 180 | 93 | 82 | 70 | 65 | 62 | 67 | 87 |
| 87 | 108 | 105 | 60 | 78 | 120 | 112 | 92 | 66 | 110 |
| 80 | 16 | 80 | 59 | 55 | 74 | 20 | 135 | 49 | 82 |
| 56 | 105 | 140 | 80 | 73 | 155 | 105 | 180 | 86 | 108 |

(第5回東京都市圏パーソントリップ調査[3]に加筆修正)

多数のデータを整理する際に，まず初めに行うべきことはデータの分布特性を把握することである．そのために用いられるのが**度数分布表**（frequency distribution table）である．表2.4に示した所要時間の抽出結果に対応する度数分布表を**表2.5**に示す．度数分布表は，データをいくつかの区間に分け，その区間に存在するデータの数を数え，その結果をまとめた表である．度数分布表における区間を**階級**と呼び，各階級に存在するデータ数を**度数**と呼ぶ．各階級を代表する値を**階級値**と呼び，通常は各階級の上限値と下限値の中央の値を用いて表される．各階級の区間は，下限値以上（≧）上限値未満（<）とされることが多いが，下限値より大きく（>）上限値以下（≦）とする場合もある．

相対度数は各階級の度数の全体に対する比率である．累積相対度数は着目す

**表 2.5** 表 2.4 に示すデータに対応する度数分布表（階級幅 15 分）[†1]

| 下限値〔分〕 | 上限値〔分〕 | 階級値〔分〕 | 度　数 | 相対度数〔%〕 | 累積相対度数〔%〕 |
|---|---|---|---|---|---|
| 0 | 15 | 7.5 | 1 | 0.5 | 0.5 |
| 15 | 30 | 22.5 | 9 | 4.5 | 5.0 |
| 30 | 45 | 37.5 | 21 | 10.5 | 15.5 |
| 45 | 60 | 52.5 | 36 | 18.0 | 33.5 |
| 60 | 75 | 67.5 | 38 | 19.0 | 52.5 |
| 75 | 90 | 82.5 | 25 | 12.5 | 65.0 |
| 90 | 105 | 97.5 | 27 | 13.5 | 78.5 |
| 105 | 120 | 112.5 | 17 | 8.5 | 87.0 |
| 120 | 135 | 127.5 | 10 | 5.0 | 92.0 |
| 135 | 150 | 142.5 | 4 | 2.0 | 94.0 |
| 150 | 165 | 157.5 | 9 | 4.5 | 98.5 |
| 165 | 180 | 172.5 | 1 | 0.5 | 99.0 |
| 180 | 195 | 187.5 | 2 | 1.0 | 100.0 |
| 合　計 | | | 200 | 100.0 | |

る階級までの相対度数の和であり，最終的には 100％になる。

　このような度数分布表を作成することで，データの客観的な分布の特性が理解できる。例えば，表 2.5 を見れば，最もデータ数の多い所要時間や，最小の時間から最大の時間の範囲などをすぐに把握することができる。ただし，度数分布表で注意しなければならない点は，細かい情報が見えなくなることである。例えば，階級値 67.5 分の階級（60 分以上 75 分未満）に 38 個のデータが存在するが，その 38 個のデータが 60 分〜 75 分の間の何分であるかを知ることはできない。この度合いは階級数に依存する。階級数を少なくすれば階級の幅が広くなり，より多くの情報が失われる。一方で，階級数を多くすれば元のデータ（生データ[†2]）に近づくが，分布の特性が見えにくくなる。したがって，以上の点に注意して適切な階級数を定める必要がある。この点については，2.2.3 項で詳しく説明する。

---

[†1] 階級は下限値以上，上限値未満としている。
[†2] 加工されていないデータ。

## 2.2.2 データのグラフ化

度数分布表を作成することで，生データに比べてデータの分布状態を把握しやすくなったが，より視覚的にとらえやすくする方法はグラフを用いることである。グラフにはさまざまな種類がある。**図 2.2**に代表的なグラフをいくつか示す。図（a）は棒グラフであり，度数や比率などを比較する場合などに用いられる。図（b）は折れ線グラフであり，着目する値の時間的変化（時系列）を表す場合などに用いられる。図（c）は円グラフであり，一つのデータの中の各区分に対する比率を表す場合に用いられる。このほかにも多くのグラフがあり，データの種類や表現の目的に応じて適切なグラフを選択する必要がある。

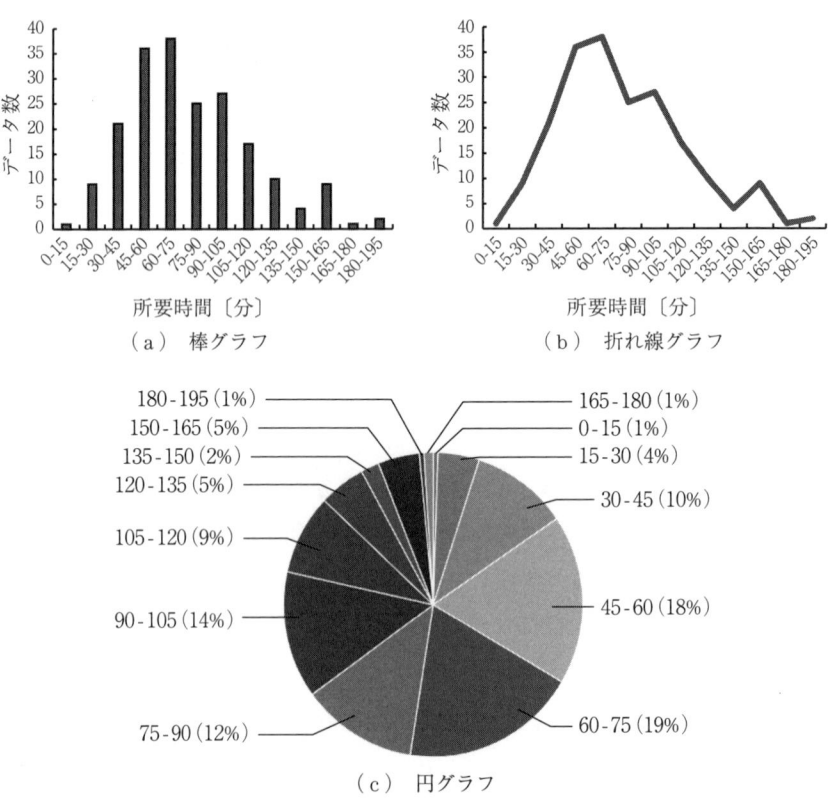

図 2.2 代表的なグラフ

### 2.2.3 ヒストグラム

度数分布表を視覚的に表現するときに用いられるグラフが**ヒストグラム**（histogram：柱状図）である。表 2.5 の度数分布表に対応するヒストグラムを**図 2.3**に示す。ヒストグラムは棒グラフの一種であり，一般的には横軸に階級値を，縦軸に度数や相対度数をとる。ただし，通常の棒グラフと異なり，各階級の柱と柱の間を隙間なく描かなければならない。

ヒストグラムからは多くの情報が直観的に得られる。分布の中心はどこか，データはどの程度ばらついているか，分布から大きく離れたデータ（外れ値）がないか，左右対称であるか，左もしくは右にひずんでいないか，このような特徴を視覚的に得られることからヒストグラムは多用される。

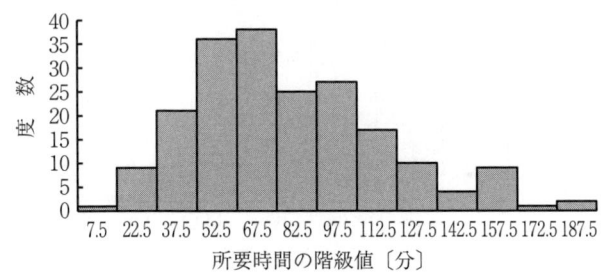

**図 2.3** 表 2.4 のヒストグラム（階級幅 15 分）

ヒストグラムを用いることで分布の特徴を視覚的にとらえやすくなるが，階級幅に応じてグラフの形状が大きく変わる可能性がある。**表 2.6** は表 2.4 のデータに対して階級幅を 30 分として整理した度数分布表である。この度数分布表から作成したヒストグラムを**図 2.4**に示す。

図 2.4 と前掲の図 2.3 を比較すると，階級幅が 15 分から 30 分に広くなった分，図 2.4 は分布の細かい特徴がつかみづらい。例えば，階級幅を 15 分とした図 2.3 では，階級値 22.5 分，37.5 分，52.5 分を比べると，階級値が増すにつれて徐々に度数が増加していることがわかるが，階級幅を 30 分とした図 2.4 では，階級値 15 分と階級値 45 分，75 分の間には大きな差があるように見えてしまう。

**表 2.6** 表 2.4 のデータに対する度数分布表（階級幅 30 分）

| 下限値〔分〕 | 上限値〔分〕 | 階級値〔分〕 | 度 数 | 相対度数〔%〕 | 累積相対度数〔%〕 |
|---|---|---|---|---|---|
| 0 | 30 | 15 | 10 | 5.0 | 5.0 |
| 30 | 60 | 45 | 57 | 28.5 | 33.5 |
| 60 | 90 | 75 | 63 | 31.5 | 65.0 |
| 90 | 120 | 105 | 44 | 22.0 | 87.0 |
| 120 | 150 | 135 | 14 | 7.0 | 94.0 |
| 150 | 180 | 165 | 10 | 5.0 | 99.0 |
| 180 | 210 | 195 | 2 | 1.0 | 100.0 |
| 合 計 | | | 200 | 100.0 | |

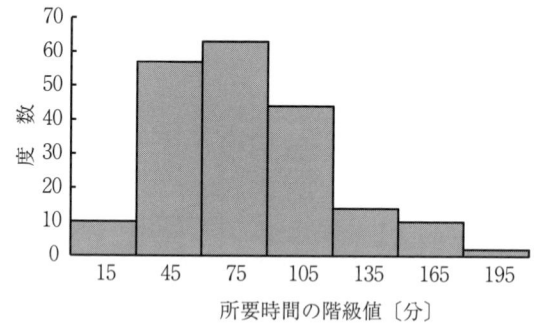

**図 2.4** 表 2.6 の度数分布表に対するヒストグラム（階級幅 30 分）

一方で，階級数を減らした図 2.4 のほうが，直観的に分布の傾向はつかみやすい．このように階級幅によってヒストグラムの形状が変わることから，度数分布表では適切な階級幅（階級数）を設定することが最も重要である．

階級数の設定に関して厳密な基準は存在しないが，たいていは 5 〜 15 程度の階級に分けられる．階級数を設定する際の目安の一つとして**スタージェスの公式**がある．スタージェスの公式によれば，データ数を $n$ とすると階級数 $m$ は次式で求められる．

$$m = 1 + \frac{\log_{10} n}{\log_{10} 2} \approx 1 + 3.32 \log_{10} n \tag{2.1}$$

表 2.4 のデータ（データ数 200）では，$m = 8.64 \approx 9$ となる．ほかにも

$$m = \sqrt{n} \tag{2.2}$$

という関係式が用いられる場合もある。表2.4のデータでは $m = 14.14 \approx 14$ となる。どの方法が最良であるかは一概にはいえないが，これらはあくまでも目安であり，データの分布特性を正しく表現することが重要で，試行錯誤のうえに階級幅を設定すればよい。

【例題2.2】 2000～2013年までの東京の各月の合計降水量に基づき，度数分布表を作成したところ，**表2.7**の結果となった。この度数分布表に対するヒストグラムを作成せよ。

**表2.7** 東京の月合計降水量の度数分布表

| 降水量の合計〔mm〕 | 度数 |
|---|---|
| 0～50 | 28 |
| 50～100 | 41 |
| 100～150 | 40 |
| 150～200 | 25 |
| 200～250 | 21 |
| 250～300 | 4 |
| 300～350 | 3 |
| 350～400 | 3 |
| 400～ | 3 |

※各階級は下限値以上，上限値未満とする（気象庁「過去の気象データ」[4]を加筆修正）

【解答】 図2.5のとおりである。

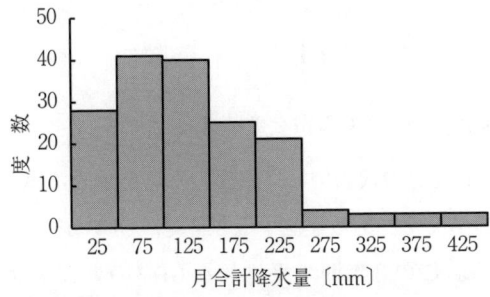

**図2.5** 表2.7の度数分布表に対するヒストグラム

## 2.3 代　表　値

### 2.3.1 平　均　値

度数分布表とヒストグラムを用いることで，データの分布特性を視覚的にとらえることができた。しかしながら視覚的に得た情報は主観的であり，これらに加えて分布状態を何らかの基準にのっとり数値的に表現することで，客観的に説明することができる。その一つが**代表値**である。代表値は基本統計量の一つであり，分布の中心的傾向を一つの値で表す指標である。

代表値のなかで最もよく用いられるものは**平均値**である。**平均**（mean, average）にはいろいろな種類が存在することから，以下で各種の平均値を説明する。なお，$n$ 個のデータがあるとして，それらを $x_1, x_2, x_3, \cdots, x_n$ と表す。

〔1〕**算術平均**　　平均値のうち最もよく用いられる。われわれが日常で「平均」という言葉を用いる場合は，この**算術平均**（arithmetic mean，相加平均）を指すことが大半である。算術平均は $n$ 個のデータの総和をデータ数 $n$ で割った値であり，次式で表される。

$$\bar{x} = \frac{1}{n} \sum_{i=1}^{n} x_i \tag{2.3}$$

〔2〕**幾何平均**　　$n$ 個のデータの積をとり，その $n$ 乗根をとった値を**幾何平均**（geometric mean，相乗平均）という。幾何平均は次式で表される。

$$x_G = \sqrt[n]{x_1 \cdot x_2 \cdot x_3 \cdots x_n} = \sqrt[n]{\prod_{i=1}^{n} x_i} \tag{2.4}$$

ここで，$\prod_{i=1}^{n} x_i$ は $x_1 \sim x_n$ までの積を意味する。

幾何平均を用いる場合の代表例は，比率の平均を求める場合である。例として GDP の上昇率を考える。ある連続する 3 年間に GDP が 0.8％，1.1％，1.6％ と上昇したとする。この 3 年間の平均的な GDP の上昇率は，算術平均（式 (2.3)）で算出される 1.167％ ではなく，幾何平均（式 (2.4)）で算出される

1.166%が正しい[†]。これはつぎのように証明される。初年度の GDP を $X_0$ とし，各年の GDP 上昇率を $r_i$ とすると，$n$ 年後の GDP $X_n$ は

$$X_n = X_0(1+r_1)(1+r_2)(1+r_3)\cdots(1+r_n) \tag{2.5}$$

となる。一方，毎年等しい GDP 上昇率 $\bar{r}$ であったとすると

$$X_n = X_0(1+\bar{r})^n \tag{2.6}$$

となる。式 (2.5) で求められる $n$ 年後の GDP $X_n$ と，式 (2.6) の結果が等しくなる年平均 GDP 上昇率 $\bar{r}$ を求めたいので，式 (2.5) と式 (2.6) を等しくおくと

$$1+\bar{r} = \sqrt[n]{(1+r_1)(1+r_2)(1+r_3)\cdots(1+r_n)} \tag{2.7}$$

となる。ここで，左辺の $1+\bar{r}$ を $x_G$，右辺の $1+r_i$ を $x_i$ と書き換えれば，式 (2.4) が導出される。以上の過程から，幾何平均は積で表されるデータの平均変化率を求めていることがわかる。

〔3〕 **調和平均** $n$ 個のデータの逆数をとり，その算術平均値に対してさらに逆数をとった値を**調和平均**（harmonic mean）という。調和平均は次式で表される。

$$x_H = \cfrac{1}{\cfrac{1}{n}\left(\cfrac{1}{x_1}+\cfrac{1}{x_2}+\cfrac{1}{x_3}+\cdots+\cfrac{1}{x_n}\right)} \tag{2.8}$$

調和平均は単位量当りの物理量の平均を求める際に用いられる。例えば，車両の速度（単位時間当りの走行距離）や並列回路の抵抗値（単位電圧当りの電流）の平均値を求める際に用いられる。幾何平均と同様に例を挙げて説明する。

ある路線バスが，ある区間を，行きは 40 km/h，帰りは 20 km/h で往復した場合，平均速度は 30 km/h ではなく 26.7 km/h となる。これは以下のように証明される。

区間の距離を $L$ として，行きの速度を $V_1$，要した時間を $T_1$，帰りの速度を $V_2$，要した時間を $T_2$ とすると，$T_1 = L/V_1$，$T_2 = L/V_2$ となる。この平均時

---

[†] 式 (2.7) の書き換えからわかるように，上昇率 1% を 1.01 として計算する必要がある。

間 $\overline{T}$ (算術平均：$(T_1+T_2)/2$) から平均速度 $\overline{V}$ を求めると

$$\overline{V}=\frac{L}{\overline{T}}=\frac{L}{\dfrac{1}{2}\left(\dfrac{L}{V_1}+\dfrac{L}{V_2}\right)}=\frac{1}{\dfrac{1}{2}\left(\dfrac{1}{V_1}+\dfrac{1}{V_2}\right)} \tag{2.9}$$

となる．ここで，$\overline{V}$ を $x_H$，$V_1$，$V_2$，を $x_1$，$x_2$ と書き換えれば，式 (2.8) が導出される．

〔4〕**加重平均** それぞれのデータに対して，重み $w_i$ を乗じて算術平均を行った値を**加重平均**（weighted average）という．加重平均は次式で表される．

$$x_W = w_1 x_1 + w_2 x_2 + w_3 x_3 + \cdots + w_n x_n = \sum_{i=1}^{n} w_i x_i \tag{2.10}$$

なお，加重平均に用いる重み $w_i$ は

$$\sum_{i=1}^{n} w_i = 1 \tag{2.11}$$

としなければならない．

加重平均の例を紹介する．ある地点の標高を測定する手法の一つとして，**写真 2.2** に示すようなレベルを用いた水準測量がある．着目点の標高を求める際に，異なる複数の地点から測量するが，測定結果には必ず誤差が含まれる．この誤差を考慮して，標高の最確値を求める際に加重平均が用いられる．

**写真 2.2** レベルを用いた水準測量の様子

標高が既知の点A，B，Cから着目点Pに対して水準測量を行った結果を**表2.8**に示す。レベルを用いた水準測量では，観測距離が長いほど誤差が累積するという考えに基づき，観測距離の逆数を用いて表2.8に示すように重みを算出する。以上の結果に基づいて着目点Pの標高の最確値を加重平均により求めると

$$3.242 \times 0.2353 + 3.231 \times 0.2941 + 3.256 \times 0.4706 = 3.2453 \cdots \approx 3.245 \text{ m}$$

となる。

表2.8　点Pの標高を求めるための水準測量結果と加重平均の重み

| 路　線 | 観測標高〔m〕 | 観測距離〔m〕 | 観測距離の逆数 | 重　み |
|---|---|---|---|---|
| A～P | 3.242 | 50 | 0.02 | 0.02/0.085＝0.2353 |
| B～P | 3.231 | 40 | 0.025 | 0.025/0.085＝0.2941 |
| C～P | 3.256 | 25 | 0.04 | 0.04/0.085＝0.4706 |
| 合　計 | | | 0.085 | 1.000 |

〔5〕**移動平均**　おもに時系列データが細かく変動しながら変化する場合，その細かい変動を取り除き，全体的な変化傾向（トレンド）を見る際に用いられる方法を，**移動平均**（moving average）という。移動平均は，一つひとつのデータに対して，前後いくつかのデータを含めて算術平均をとる方法である。これにより，突発的な現象の影響を除いて考えることができる。

**図2.6**は東京の年平均気温の推移である。年ごとに見れば細かい変動が見

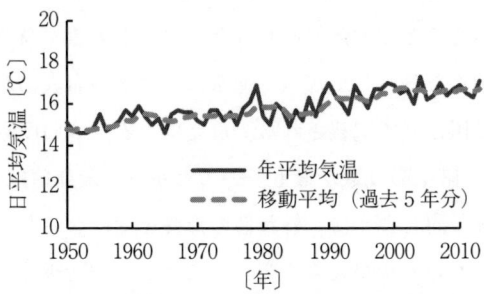

図2.6　東京の年平均気温とその移動平均値
　　　（気象庁「過去の気象データ」[4]を加筆修正）

られるが，過去5年間分の移動平均値を見ると細かな変動は消え，平均気温が上昇している傾向が明確に読みとれる。

### 2.3.2 中　央　値

$n$ 個のデータ $x_1, x_2, x_3, \cdots, x_n$ を大きさの順に並び替え，並び替えたデータ列を $y_1, y_2, y_3, \cdots, y_n$ とする。このとき，並び替えたデータ列 $y_i$ のちょうど中央に位置する値を**中央値**（median，中位数）と呼ぶ。中央値はデータ数が奇数か偶数により算出式が異なる。中央値を $\tilde{x}$ と表すと次式で表される。

$$\left.\begin{array}{l}（データ数 n が奇数の場合）\quad \tilde{x}=y_{\frac{n+1}{2}} \\ （データ数 n が偶数の場合）\quad \tilde{x}=\dfrac{1}{2}\left(y_{\frac{n}{2}}+y_{\frac{n}{2}+1}\right)\end{array}\right\} \quad (2.12)$$

$n$ が奇数の場合は，データ列の中央，$(n+1)/2$ 番目の値が中央値となる。$n$ が偶数の場合は，データ列の中央は $n/2$ 番目の値と $(n/2)+1$ 番目の値の二つになるので，それらの算術平均として定義する。中央値は算術平均と比べて，外れ値の影響を受けにくいことが特徴であり，算術平均よりも分布の代表値としてふさわしい場合もある。ただし，データの並び替えを伴うことから，データ数が大きい場合，中央値を求めることは困難となる。

### 2.3.3 最　頻　値

データのなかで最も数多く現れる値を**最頻値**（mode）と呼ぶ。データから最頻値を直接求めることは困難であり，データ数が大きくなければ，同じ値が出現する確率も低くなる。したがって通常は，度数分布表において最も度数が大きい階級の階級値として定義される。例えば，表2.5の度数分布表では，60分以上75分未満の階級の度数が最も多いことから，最頻値は67.5分となる。

最頻値は中央値と同じように，外れ値の影響を受けないが，階級幅のとり方によりヒストグラムの形状が大きく変わることから，階級幅に依存して値が変化することに注意が必要である。

これまで3種類の代表値を説明したが，データの分布形状に応じてそれぞれ

の代表値の関係が異なる。その点については 2.4.8 項で述べる。

【例題 2.3】 表 2.9 のデータは，ある河川の水門において計測された水位の時系列である。このデータについて，水位の算術平均，中央値を求めよ。

表 2.9 ある河川の水門において計測された水位の時刻歴
（国土交通省：水文水質データベース[5]）を加筆修正）

| 時刻 | 2:00 | 4:00 | 6:00 | 8:00 | 10:00 | 12:00 | 14:00 | 16:00 | 18:00 | 20:00 | 22:00 | 24:00 |
|---|---|---|---|---|---|---|---|---|---|---|---|---|
| 水位〔m〕 | 1.70 | 1.56 | 1.37 | 1.28 | 1.44 | 1.73 | 1.88 | 1.69 | 1.24 | 0.63 | 0.29 | 0.88 |

【解答】
算術平均：

$$\bar{x} = \frac{1}{n}\sum_{i=1}^{n} x_i$$

$$= \frac{1.70+1.56+1.37+1.28+1.44+1.73+1.88+1.69+1.24+0.63+0.29+0.88}{12}$$

$$= 1.308\cdots \approx 1.31\ \mathrm{m}$$

中央値：

データを昇順に並び替えると**表 2.10** になる。

表 2.10

| 1 | 2 | 3 | 4 | 5 | 6 | 7 | 8 | 9 | 10 | 11 | 12 |
|---|---|---|---|---|---|---|---|---|---|---|---|
| 0.29 | 0.63 | 0.88 | 1.24 | 1.28 | 1.37 | 1.44 | 1.56 | 1.69 | 1.70 | 1.73 | 1.88 |

データ数が偶数であることから，6 番目と 7 番目のデータの算術平均が中央値となる。

$$\tilde{x} = \frac{1}{2}\left(y_{\frac{n}{2}} + y_{\frac{n}{2}+1}\right) = \frac{1.37+1.44}{2} = 1.405\cdots \approx 1.41\ \mathrm{m}$$

◇

## 2.4 散 布 度

### 2.4.1 データのばらつき

前節では，あるデータの中心的傾向を示す代表値を示した。しかし，データの分布状況を代表値だけで表現することは不十分である。この点を**表 2.11** に

**表 2.11** 2種類のコンクリートの圧縮強度試験結果

| 試料番号 | コンクリートA 圧縮強度 [N/mm$^2$] | コンクリートB 圧縮強度 [N/mm$^2$] | 試料番号 | コンクリートA 圧縮強度 [N/mm$^2$] | コンクリートB 圧縮強度 [N/mm$^2$] |
|---|---|---|---|---|---|
| 1 | 28 | 30 | 11 | 24 | 26 |
| 2 | 27 | 36 | 12 | 26 | 30 |
| 3 | 26 | 38 | 13 | 29 | 37 |
| 4 | 29 | 24 | 14 | 30 | 31 |
| 5 | 32 | 36 | 15 | 32 | 32 |
| 6 | 31 | 29 | 16 | 25 | 23 |
| 7 | 30 | 34 | 17 | 32 | 26 |
| 8 | 33 | 21 | 18 | 31 | 20 |
| 9 | 35 | 33 | 19 | 30 | 23 |
| 10 | 30 | 36 | 20 | 29 | 23 |
| | | | 平均 | 29.45 | 29.40 |

示す2種類のコンクリートから製作した供試体の圧縮強度試験結果を例に説明する。

これらの2種類のコンクリートの試験結果の平均値はほぼ等しい。表2.11のデータに対する度数分布表（階級幅4 N/mm$^2$）を**表 2.12**に，度数分布の棒グラフを**図 2.7**に示す。2種類のコンクリートの分布を比較すると，コンクリートAは最頻値の階級を中心に左右対称であるのに対し，コンクリートBは強度のばらつきが大きい。

このように平均値は同じであるものの，分布形状が異なる場合がある。そのため，代表値だけでなくデータのばらつきについても客観的な数値として表す

**表 2.12** 表2.11のデータに対する度数分布表

| 下限値 [N/mm$^2$] | 上限値 [N/mm$^2$] | 階級値 [N/mm$^2$] | 度数 コンクリートA | 度数 コンクリートB |
|---|---|---|---|---|
| 20 | 24 | 22 | 0 | 5 |
| 24 | 28 | 26 | 5 | 3 |
| 28 | 32 | 30 | 10 | 4 |
| 32 | 36 | 34 | 5 | 3 |
| 36 | 40 | 38 | 0 | 5 |

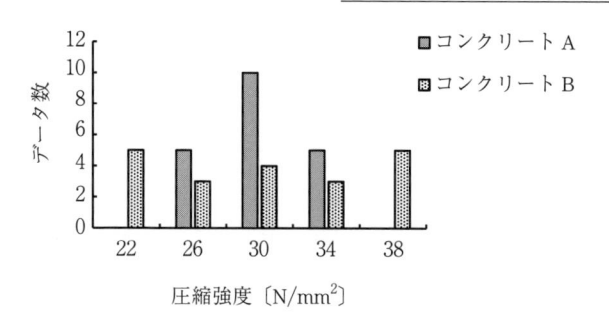

**図 2.7** 2種類のコンクリートの圧縮強度分布

必要がある。そのようなデータのばらつきを表す指標が**散布度**である。代表的な散布度を次項以降で説明する。

### 2.4.2 最大値・最小値・範囲・外れ値

ばらつきの度合いを最も簡単に把握するためには，データの**最大値**と**最小値**に着目することである。データの最大値と最小値との差を，データのばらつきを表す最も簡単な指標として**範囲**（range）と呼ぶ。範囲は非常に明快で，かつ容易に計算が可能である。ただし，最大値と最小値，わずか二つのデータしか用いないため，中間にあるデータのばらつきは考慮されない。また，**外れ値**と呼ばれるデータの中に一つだけ極端に大きい，もしくは一つだけ極端に小さい値が存在すると，範囲は非常に大きくなる。このように，データの散布度として適切でない場合も多いため，注意して用いる必要がある。

### 2.4.3 四分位数

前項で述べたように，範囲はデータの外れ値の影響を受けやすかった。そこで，範囲と同様な考えに基づいて，外れ値の影響を受けにくい安定した尺度に，**四分位数**（quartile）を用いた**四分位範囲**（quartile range）および**四分位偏差**（quartile deviation）がある。

四分位数は，データを小さい順に並べたとき，データを4等分する位置にある数値であり，それぞれ第1四分位数 $Q_1$，第2四分位数 $Q_2$，第3四分位数 $Q_3$

という。なお，データを小さい順に並べたとき，小さいほうから数えて全体の $q\%$ に位置する値を $q$ パーセンタイル（percentile）と呼ぶ。第1四分位数は25パーセンタイル，第2四分位数は50パーセンタイル，第3四分位数は75パーセンタイルである。

四分位範囲 $Q_R$ は，第3四分位数 $Q_3$ と第1四分位数 $Q_1$ の差であり

$$Q_R = Q_3 - Q_1 \tag{2.13}$$

と表され，四分位偏差 $Q_D$ は，四分位範囲 $Q_R$ の1/2の値として定義され

$$Q_D = \frac{Q_R}{2} = \frac{Q_3 - Q_1}{2} \tag{2.14}$$

と表される。どちらも中間のデータのばらつきを表す尺度である。

四分位数を用いてデータのばらつきをわかりやすく表すグラフに**箱ヒゲ図**がある。箱ヒゲ図の例を**図 2.8** に示す。第1四分位から第3四分位を用いて箱を作り，箱の上下にヒゲ（エラーバー）を付ける。このような表現方法により，データのばらつきが視覚的に理解しやすくなる[†]。

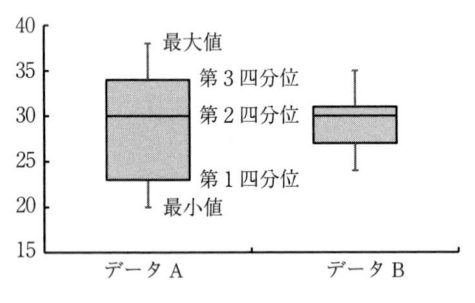

**図 2.8** 箱ヒゲ図

### 2.4.4 分　　散

取得したデータのばらつきを表す指標の一つに**分散**（variance）がある。取得したデータの分散は $s^2$ で表記され，次式で定義される。

---

[†] データ数が多いとき，最大値と最小値のヒゲを 90 パーセンタイルおよび 10 パーセンタイルを用いて描き，最大値と最小値は○で表現する場合がある。

$$s^2 = \frac{1}{n} \sum_{i=1}^{n} (x_i - \overline{x})^2 \tag{2.15}$$

ここで，$x_i$ は観測値（データ），$\overline{x}$ は観測値の算術平均，$n$ はデータ数である。式 (2.15) の括弧内は，観測値 $x_i$ と観測値の算術平均 $\overline{x}$ との差であり，平均からのずれを表している。これを**偏差**と呼ぶ。偏差は平均値からのずれであるため，プラスとマイナスの両方の値をとる可能性がある。そのため，単に偏差の総和を計算した場合，ばらつきの大きいデータであっても，プラスとマイナスが相殺され，ゼロになってしまうことが考えられる。そこで，偏差を2乗して符号の影響を除去した形で分散は定義されている。分散は偏差の2乗の総和で定義されることから，**単位は観測値の2乗**となる。

なお，式 (2.15) を展開，整理すると，次式が得られる。

$$s^2 = \frac{1}{n} \sum_{i=1}^{n} (x_i - \overline{x})^2 = \frac{1}{n} \{(x_1 - \overline{x})^2 + (x_2 - \overline{x})^2 + \cdots + (x_n - \overline{x})^2\}$$

$$= \frac{1}{n} \{(x_1^2 + x_2^2 + \cdots + x_n^2) - 2(x_1\overline{x} + x_2\overline{x} + \cdots + x_n\overline{x}) + (\overline{x}^2 + \overline{x}^2 + \cdots + \overline{x}^2)\}$$

$$= \frac{1}{n} \left( \sum_{i=1}^{n} x_i^2 - 2\overline{x} \sum_{i=1}^{n} x_i + n\overline{x}^2 \right) = \frac{1}{n} \left( \sum_{i=1}^{n} x_i^2 - 2\overline{x} \cdot n\overline{x} + n\overline{x}^2 \right) = \frac{1}{n} \left( \sum_{i=1}^{n} x_i^2 - n\overline{x}^2 \right)$$

$$= \frac{1}{n} \sum_{i=1}^{n} x_i^2 - \overline{x}^2 \tag{2.16}$$

第1項は観測値 $x_i$ の2乗の平均であり，第2項は平均の2乗である。分散 $s^2$ をこのような形で求めることも可能である[†1]。

### 2.4.5 標 準 偏 差

分散はデータのばらつきを表す代表的な指標であるが，その次元が観測値の次元の2乗であるため，その結果から直観的にばらつきの度合いを把握することは困難である[†2]。例えば表 2.11 のコンクリート A の圧縮試験強度の分散を

---

[†1] この関係式を用いてコンピュータや電卓で計算する場合，桁落ちが生じる可能性があるので注意が必要である。

[†2] 6章で述べる相関係数などの統計量の計算過程において，分散の定義式 (2.15) がよく現れることから，分散も覚えておく必要がある。

求めると 7.55（単位は，N/mm$^2$ の 2 乗）であり，どれだけばらつきがあるか，すぐに理解することは難しい。

そこで，分散に対して次元を観測値と等しくした指標がよく用いられる。これを**標準偏差**（standard deviation）と呼ぶ。取得したデータの標準偏差は分散 $s^2$ の平方根であることから $s$ と表記され，次式で定義される。

$$s = \sqrt{s^2} = \sqrt{\frac{1}{n}\sum_{i=1}^{n}(x_i - \overline{x})^2} \qquad (2.17)$$

ここで，分散（式（2.15））と同様，$x_i$ は観測値（データ），$\overline{x}$ は観測値の算術平均，$n$ はデータ数である。前述の表 2.11 のコンクリート A の圧縮試験強度の標準偏差は 2.75（単位は，N/mm$^2$）である。観測値と等しい次元を有することから，ばらつきの度合いを直観的に把握することができる。

データの分布特性を数値的に表す際，代表値のほかに，散布度として分散と標準偏差は必ずといってよいほど計算される。いかに統計学上重要な指標であるかがわかる。二つの指標の意味と定義式は必ず覚えておくことを勧める。

### 2.4.6　不 偏 統 計 量

詳細は 4 章で述べるが，2.4.3 項と 2.4.4 項で述べた分散および標準偏差と若干計算式が異なる分散，標準偏差もある。そのような分散，標準偏差を**不偏分散 $\hat{\sigma}^2$**，**不偏標準偏差 $\hat{\sigma}$** と呼ぶ。これらは，全体（母集団）の一部のデータから，母集団の分散および標準偏差を推定する際に用いられ，以下で定義される。

$$\text{母集団の分散の推定値}\quad :\hat{\sigma}^2 = \frac{1}{n-1}\sum_{i=1}^{n}(x_i - \overline{x})^2 \qquad (2.18)$$

$$\text{母集団の標準偏差の推定値}\quad :\hat{\sigma} = \sqrt{\sigma^2} = \sqrt{\frac{1}{n-1}\sum_{i=1}^{n}(x_i - \overline{x})^2} \qquad (2.19)$$

ここで，$x_i$ は観測値，$\overline{x}$ は観測値の算術平均であり，2.4.4 項および 2.4.5 項で説明した分散 $s^2$，標準偏差 $s$ との大きな違いは，データ数 $n$ で除すのではなく，$n-1$ で除すところにある。これらを総称して**不偏統計量**と呼ぶ。

### 2.4.7 変動係数

一般的に，もともとのデータの値が大きければ，それに応じて標準偏差も大きくなる。例えば，**表 2.13** に示す 1970 年度と 2010 年度の地域ごとの 1 人当りの県民所得に着目すると，1970 年度に比べて 2010 年度のほうが，標準偏差は 3 倍程度大きい。しかし，この結果から 2010 年度のほうが所得の地域間格差が広まった，と解釈することは誤りである。それは 2010 年度のデータが，1970 年度に比べて大きいからである。

表 2.13 地域ごとの 1 人当りの県民所得〔単位：千円〕
（内閣府「県民経済計算」[6] のデータを加筆修正）

| 地域ブロック | 1970 年度 | 2010 年度 |
|---|---|---|
| 北海道・東北 | 448 | 2 460 |
| 関　　東 | 652 | 3 304 |
| 中　　部 | 587 | 2 982 |
| 近　　畿 | 650 | 2 802 |
| 中　　国 | 523 | 2 731 |
| 四　　国 | 476 | 2 546 |
| 九　　州 | 413 | 2 484 |
| 平　　均 | 536 | 2 758 |
| 標準偏差 | 89 | 283 |
| 変動係数 | 0.167 | 0.103 |

したがって，平均値の異なる二つのデータに対して，そのばらつき具合を標準偏差のみで説明することができない。このような場合に用いられる指標を**変動係数**（coefficient of variation，**CV**）と呼ぶ。変動係数は，標準偏差 $s$ を平均値 $\bar{x}$ に対する比率として表したものであり，次式で求められる。

$$CV = \frac{s}{\bar{x}} \tag{2.20}$$

### 2.4.8 ヒストグラムの形状と分布の傾向

ヒストグラムを描いたとき，その分布形状は**図 2.9** に示すように，さまざまな形状をとる。分布の形状によって，2.3 節で述べた平均値，中央値，最頻

(a) 左右対称な分布

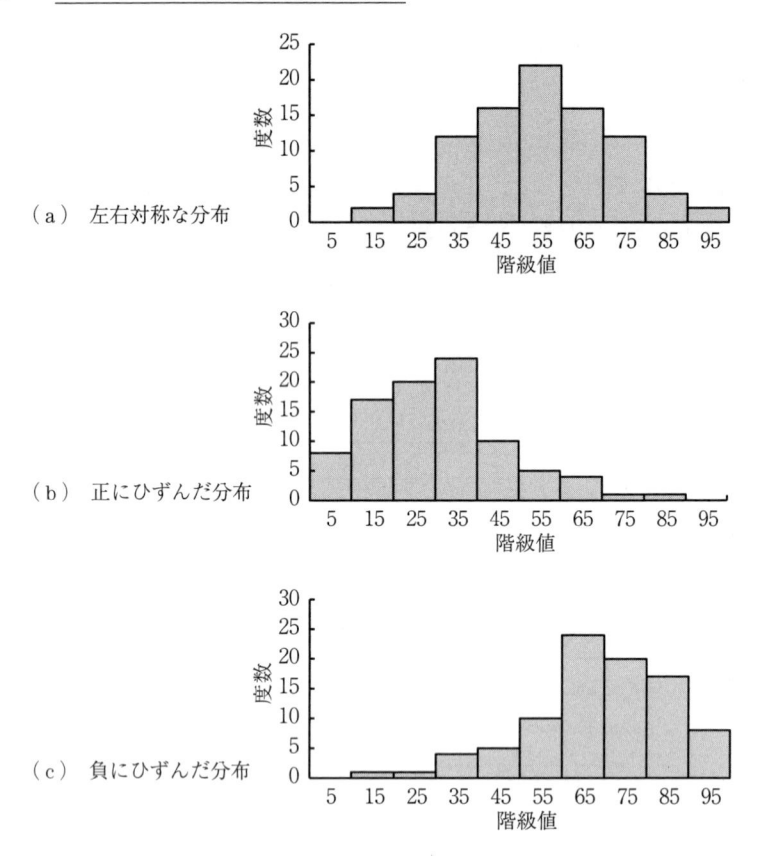

(b) 正にひずんだ分布

(c) 負にひずんだ分布

**図 2.9** さまざまな分布形状

値の関係性が異なる。例えば図 2.9（a）のように左右対称の分布の場合

　　　平均値＝中央値＝最頻値

という関係がある。

　図 2.9（b）のように小さな階級値のほうに分布が偏っている場合，**正にひずんだ分布**もしくは**右にひずんだ分布**と呼び，この分布の場合

　　　平均値＞中央値＞最頻値

という関係がある。

　図 2.9（c）のように大きな階級値のほうに分布が偏っている場合，**負にひ**

ずんだ分布もしくは左にひずんだ分布と呼び，この分布の場合

平均値＜中央値＜最頻値

という関係がある。

これらのほかに，分布の形状を表す尺度に歪度（skewness）と尖度（kurtosis）がある。歪度は分布のひずみ具合や非対称性を表す尺度であり，以下のように定義される。

$$歪度 = \frac{1}{n}\sum_{i=1}^{n}\left(\frac{x_i-\bar{x}}{s}\right)^3 \qquad (2.21)$$

ここで，$x_i$ は観測値（データ），$\bar{x}$ は観測値の算術平均，$s$ は観測値の標準偏差，$n$ はデータ数である。歪度は分布が左右対称に近づくと 0 に近い値となり，正の方向に歪むと正の値を，負の方向に歪むと負の値をとる。

尖度は分布の尖り具合や裾野の広がり具合を表す尺度であり，以下のように定義される。

$$尖度 = \frac{1}{n}\sum_{i=1}^{n}\left(\frac{x_i-\bar{x}}{s}\right)^4 \qquad (2.22)$$

ここで，$x_i$ は観測値（データ），$\bar{x}$ は観測値の算術平均，$s$ は観測値の標準偏差，$n$ はデータ数である。定義式は歪度と非常に似ているが，歪度は 3 乗であり，尖度は 4 乗である。尖度が 3 よりも大きいか小さいかによって，分布が尖っているか否か判断されることが多い。

**【例題 2.4】** 鋼材（SS400 材）の引張試験を実施したところ，引張強さが**表 2.14** のような結果となった。この結果の算術平均，分散および標準偏差を求めよ。なお，結果は小数第 1 位まで答えよ。

表 2.14 引張強度試験結果

| 回　　数 | 1 | 2 | 3 | 4 | 5 |
|---|---|---|---|---|---|
| 引張強度〔N/mm²〕 | 431 | 450 | 473 | 427 | 462 |

【解答】
算術平均：
$$\bar{x} = \frac{1}{n}\sum_{i=1}^{n} x_i = \frac{431+450+473+427+462}{5} = 448.6\,\text{N/mm}^2$$

分散：
$$s^2 = \frac{1}{n}\sum_{i=1}^{n}(x_i - \bar{x})^2$$
$$= \frac{(431-448.6)^2+(450-448.6)^2+(473-448.6)^2+(427-448.6)^2+(462-448.6)^2}{5}$$
$$= 310.64\cdots \approx 310.6\,(\text{N/mm}^2)^2$$

標準偏差：
$$s = \sqrt{s^2} = \sqrt{310.6} = 17.62\cdots \approx 17.6\,\text{N/mm}^2 \qquad \diamondsuit$$

## 2.5 Excel を用いた統計分析

### 2.5.1 Excel による基本統計量の算出

Excel では，さまざまな統計分析が簡単に行える分析ツールが利用できる。

| | A | B | C |
|---|---|---|---|
| 1 | 最大変位 | | |
| 2 | 36 | | |
| 3 | 90 | | |
| 4 | 68 | | |
| 5 | 76 | | |
| 6 | 40 | | |
| 7 | 44 | | |
| 8 | 72 | | |
| 9 | 86 | | |
| 10 | 32 | | |
| 11 | 64 | | |
| 12 | 56 | | |
| 13 | 74 | | |
| 14 | 88 | | |
| 15 | 62 | | |
| 16 | 46 | | |
| 17 | 66 | | |
| 18 | 26 | | |
| 19 | 50 | | |
| 20 | 60 | | |
| 21 | 52 | | |
| 22 | | | |

図 2.10　基本統計量を求める対象のデータ

通常，分析ツールを使うためには簡単な設定が必要であるが，設定手順の説明は割愛する。

本章では，さまざまな基本統計量を説明してきた。Excel の分析ツールにある「基本統計量」を用いると，さまざまな基本統計量を一度に求めることができる。**図 2.10** のように，Excel の A 列の 1 行目にデータのラベルが入力され，2 行目〜21 行目までにデータが入力されているものとして，基本統計量を求める手順を以下に記す。

1）［データ］タブから［分析］グループの［データ分析］をクリックし，**図 2.11** のダイアログボックスを表示させる。

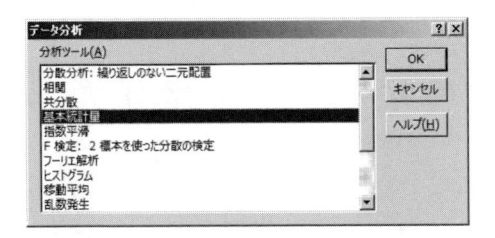

図 2.11　データ分析ツールのダイアログボックス

2）［基本統計量］を選択して［OK］ボタンをクリックする。
3）**図 2.12** のダイアログボックスが新たに表示される。ここで，以下の手

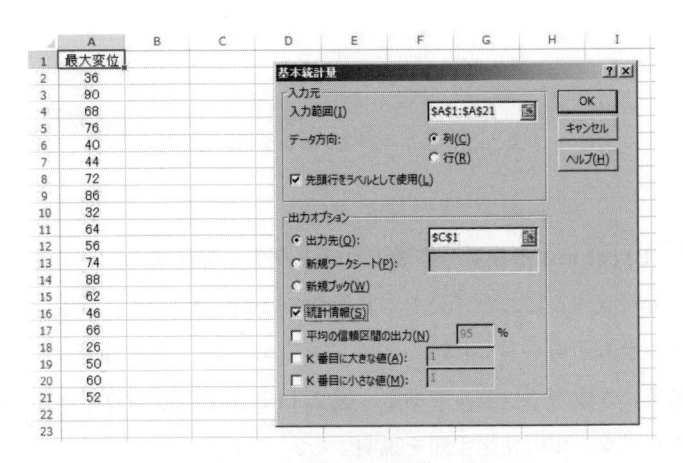

図 2.12　基本統計量の引数の選択

順のとおりダイアログボックス上で引数を選択する。

① ［入力範囲］に分析したいデータの範囲（A列1～21行目）を選択する。先頭行がラベルの場合は「先頭行をラベルとして使用」にチェックを入れる。

② ［出力先］に結果を出力したいセルを選択する。新規ワークシートなどにも出力することができる。

③ ［統計情報］にチェックを入れる。

以上の後に［OK］ボタンをクリックすることで，図2.13のように［出力先］で指定したセルに基本統計量が算出される。ここで，分散および標準偏差は，2.4.6項で述べた不偏分散 $\hat{\sigma}^2$，不偏標準偏差 $\hat{\sigma}$ として求められることに注意が必要である。

|   | A | B | C | D |
|---|---|---|---|---|
| 1 | 最大変位 |  | 最大変位 |  |
| 2 | 36 |  |  |  |
| 3 | 90 |  | 平均 | 58.8 |
| 4 | 68 |  | 標準誤差 | 4.32958 |
| 5 | 76 |  | 中央値 (メジアン) | 61 |
| 6 | 40 |  | 最頻値 (モード) | 32 |
| 7 | 32 |  | 標準偏差 | 19.36247 |
| 8 | 72 |  | 分散 | 374.9053 |
| 9 | 86 |  | 尖度 | -0.95745 |
| 10 | 32 |  | 歪度 | -0.06266 |
| 11 | 64 |  | 範囲 | 64 |
| 12 | 56 |  | 最小 | 26 |
| 13 | 74 |  | 最大 | 90 |
| 14 | 88 |  | 合計 | 1176 |
| 15 | 62 |  | 標本数 | 20 |
| 16 | 46 |  |  |  |
| 17 | 66 |  |  |  |
| 18 | 26 |  |  |  |
| 19 | 50 |  |  |  |
| 20 | 60 |  |  |  |
| 21 | 52 |  |  |  |

図2.13　基本統計量ツールを用いた結果

## 2.5.2　Excelによる度数分布表，ヒストグラムの作成

データ分析ツールにおいて，基本統計量のほかによく用いられるツールとして**ヒストグラム**がある。これは，ヒストグラムを描くために必要となる度数分布表を簡単に作成するツールである。図2.14に示す100個のデータを対象に，ヒストグラムツールの使用手順を説明する。

|   | A | B | C | D | E | F | G |
|---|---|---|---|---|---|---|---|
| 1 | 度数分布表の元となるデータ |  |  |  |  |  | 階級上限値 |
| 2 | 40 | 67 | 57 | 64 | 99 |  | 9.9 |
| 3 | 94 | 74 | 94 | 80 | 60 |  | 19.9 |
| 4 | 40 | 60 | 40 | 67 | 47 |  | 29.9 |
| 5 | 80 | 74 | 74 | 20 | 82 |  | 39.9 |
| 6 | 47 | 10 | 100 | 50 | 70 |  | 49.9 |
| 7 | 64 | 68 | 83 | 80 | 30 |  | 59.9 |
| 8 | 100 | 47 | 64 | 74 | 100 |  | 69.9 |
| 9 | 74 | 60 | 67 | 67 | 74 |  | 79.9 |
| 10 | 39 | 77 | 64 | 74 | 70 |  | 89.9 |
| 11 | 100 | 54 | 59 | 80 | 84 |  | 100 |
| 12 | 70 | 60 | 80 | 84 | 48 |  |  |
| 13 | 44 | 90 | 37 | 84 | 90 |  |  |
| 14 | 64 | 60 | 66 | 67 | 49 |  |  |
| 15 | 77 | 34 | 57 | 84 | 83 |  |  |
| 16 | 50 | 67 | 74 | 84 | 48 |  |  |
| 17 | 84 | 50 | 64 | 84 | 65 |  |  |
| 18 | 57 | 57 | 77 | 54 | 99 |  |  |
| 19 | 37 | 64 | 67 | 64 | 78 |  |  |
| 20 | 70 | 47 | 64 | 79 | 41 |  |  |
| 21 | 84 | 30 | 67 | 47 | 75 |  |  |

**図 2.14** 度数分布表を作成するためのデータ

1) 適切な階級数を定め，図 2.14 の G 列のように Excel 上に**各階級の上限値**を入力する（1 行目のラベルはなくても構わない）。なお，度数分布表では，2.2.1 項で述べたように，各階級の区間は通常，その下限値以上，上限値未満とみなされる。一方，Excel のヒストグラムツールでは，下限値より大きく，上限値以下として各階級の度数を求める。この点には十分注意が必要である。したがって，通常の度数分布表と同じように度数をカウントするためには，図 2.14 中に示すように階級の上限値の設定に工夫が必要である。

2) ［データ］タブから［分析］グループの［データ分析］をクリックし，前項の図 2.11 のダイアログボックスを表示させて，［ヒストグラム］を選択し［OK］ボタンをクリックする。

3) **図 2.15** のダイアログボックスが新たに表示される。以下の手順のとおりダイアログボックス上で引数を選択する。

　① ［入力範囲］に分析したいデータの範囲（A 列 2 行目～E 列 21 行目）を選択する。

　② ［データ区間］に階級の上限値の範囲（G 列 2～11 行目）を選択する。

　③ ［出力先］に結果を出力したいセルを選択する。新規ワークシート

38    2. データの統計学的整理方法

**図2.15** ヒストグラムの引数の選択

などにも出力することができる。度数分布表と同時にヒストグラムも出力したい場合は［グラフ作成］にチェックを入れる。

以上の後に［OK］ボタンをクリックすると，［出力先］で指定したセルに**図2.16**のように度数分布表およびヒストグラムが算出される。

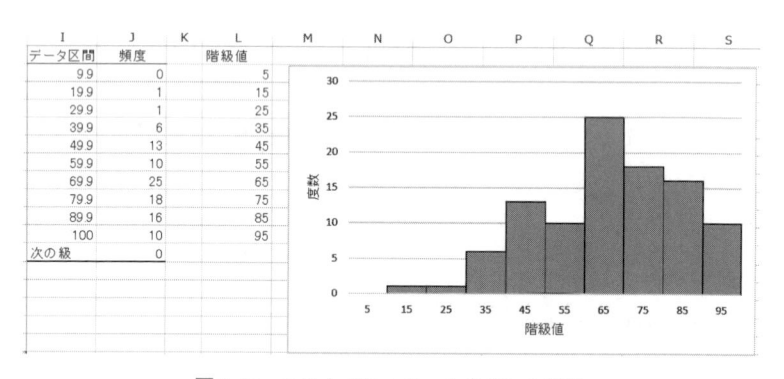

**図2.16** ヒストグラムツールを用いた結果

## 演 習 問 題

【1】 ある高速道路の入口において，通過車両の速度を観測したところ，**問表 2.1** の結果を得た．このデータから，度数分布表とヒストグラムを作成せよ．階級幅は 5 km/h としなさい．また，最大値，最小値，平均値（算術平均），中央値，最頻値，分散，標準偏差を求めよ．

**問表 2.1** 通過車両の速度〔km/h〕

| 58 | 53 | 44 | 45 | 61 | 60 | 61 | 58 | 66 | 59 |
|----|----|----|----|----|----|----|----|----|----|
| 61 | 54 | 82 | 79 | 64 | 60 | 66 | 62 | 59 | 40 |
| 59 | 62 | 55 | 48 | 49 | 68 | 52 | 47 | 42 | 63 |
| 60 | 43 | 39 | 38 | 37 | 48 | 41 | 49 | 48 | 59 |
| 55 | 51 | 28 | 46 | 32 | 45 | 34 | 48 | 35 | 50 |

【2】 総務省統計局「平成 27 年国勢調査」結果のうち，47 都道府県の人口と面積をもとにした以下の設問に答えよ．なお，データは「総務省統計局 政府統計の総合窓口 (e-Stat)」のホームページ (http://www.e-stat.go.jp/) より，以下の手順でダウンロードすること．

「統計データを探す（分野）」→「人口・世帯（主な調査：国勢調査）」の順にページを開く．「国勢調査」のページの表中の「都道府県・市区町村別統計表（国勢調査）」より「ファイル」→「都道府県・市区町村別統計表（男女別人口，年齢 3 区分・割合，就業者，昼間人口など）〔4 件〕」の順に進み，「平成 27 年」の「都道府県・市区町村別統計表（一覧表）」（Excel ファイル）をダウンロードする．

(1) ダウンロードしたデータは，47 都道府県のデータと，市区町村のデータが混在している．47 都道府県のデータが連続するようにデータを並べ替えよ．

(2) 47 都道府県のデータについて，人口，面積，人口密度の基本統計量（最大値，最小値，平均値（算術平均），中央値，分散，標準偏差）をそれぞれ求めよ．

(3) 人口密度の度数分布表およびヒストグラムを作成せよ．階級幅は 200 人/$km^2$ とすること．

40　　2．データの統計学的整理方法

【3】わが国の将来人口推計のデータをもとにした以下の設問に答えよ。なお，データは「国立社会保障・人口問題研究所」のホームページ（http://www.ipss.go.jp/）より，以下の手順でダウンロードすること。

「将来推計人口・世帯数」→「日本の将来推計人口（全国）」→「詳細結果表」（ページ下部）→「1．出生中位（死亡中位）推計」の順にページを開き，「表1-1　総数，年齢3区分（0〜14歳，15〜64歳，65歳以上）別総人口および年齢構造係数」（excelファイル）をダウンロードする。

（1）2015年から2065年までの推計人口（総人口・年齢3区分人口）の特徴がよくわかるようなグラフを作成せよ。

（2）2015年の人口を100として，各年の指数を求めよ。毎年の指数は，「各年の人口／基準年の人口×100」で算出される。また，横軸を年，縦軸を指数とした折れ線グラフを作成せよ。

【4】国土交通省水文水質データベース（http://www1.river.go.jp/）より，水質観測を行っている観測所を1か所選択し，その観測所の水質データをダウンロードしたうえで，以下の設問に答えよ。

（1）2013年1年間のBOD（生物化学的酸素要求量），総窒素および総リンの変化がよくわかるようなグラフを作成せよ。なお，これらのデータはトップページで「観測所諸元からの検索」を選び，観測項目より「水質−底質」を選択して検索したうえで表示される水文水質観測所情報のうち「任意期間水質検索」を行い「生活環境の保全に関する環境基準項目」を選択することにより取得可能である。

（2）BOD，総窒素および総リンの基本統計量（最大値，最小値，平均値（算術平均），中央値，分散，標準偏差）を求めよ。

# 3

# 確率と確率分布

　この章から，「取得されたデータの整理」の枠を越えて，確率的な考え方を導入していくことになる。本書の後半で展開される推定や検定を理解するためには，この考え方は必要不可欠なものであるが，ここは，統計学を学ぶにあたって多くの人がつまずくポイントでもある。注意深くていねいに理解を進める必要がある。

　アインシュタインが確率論的な量子力学の世界観に違和感を持ち「神はサイコロを振らない」[†1]と記したのと同じように，不確定で確率的なものの見方に納得できない部分が出てくるかもしれない。物事を遠目に見て，現象の背後に隠れた大きな解釈をイメージし暴き出そうとするがゆえに，やや作為的なものの見方を要求されているように感じられる場合もあるかもしれない。式の展開や計算法を学ぶだけでなく，このような抽象的な考え方に慣れ，この世界の裏側にある法則性を垣間見ることも，確率を学ぶ一つの意義であろう。

## 3.1　確率分布と確率変数

　確率と確率分布についての理解を助けるために，まず，ゴールトン盤（Galton box）[†2]を紹介する（**図3.1**）。見たところ，あたかもパチンコ台の原型のようなシステムである。上方中央から落ちてきた球は，釘（図では●）に衝突すると進路を右か左に変え，1番（①）〜7番（⑦）までのどこかの穴に着地する。

---

[†1] "I, at any rate, am convinced that He (God) does not throw dice." （アインシュタインの書簡（1926）より [1]。原文はドイツ語）

[†2] クインカンクス（Quincunx），ビーンマシン（Bean machine），あるいは確率器械（Probability machine）とも呼ばれる。フランシス・ゴルトン（1822〜1911）が考案した。ゴルトンは進化論で有名なダーウィンの従兄にあたり，統計学・遺伝学に重要な功績を残した。

## 3. 確率と確率分布

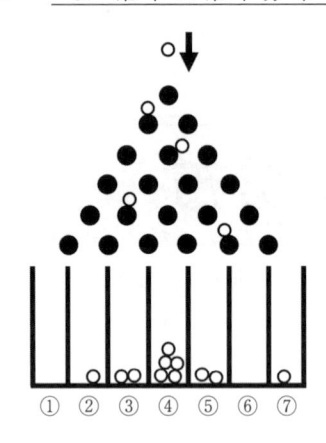

**図 3.1** ゴールトン盤

**図 3.2** 理想的なゴールトン盤に64個の球を落とした結果

釘に衝突した際に，進路が右にそれるか左にそれるか，**確率**（probability）はちょうど半々だとする。もし，理想的なゴールトン盤に球を64個落とした場合，それぞれの穴に入る球の数は**図 3.2**のようになる。64個の球が，茶碗を伏せたような，釣鐘型の分布形を描いているのが見てとれる。

ここには観測された球の数の分布を示したが，これを**確率分布**（probability distribution）と呼ぶ。図 3.2 には，落とした球の総数（64個）を分母に，それぞれの穴に入った球の数を分子として計算した割合（この図ではパーセンテージ）を添えた。すべての割合を足し合わせると100%である。

①の穴に球が入る確率は 1.56%，②の穴に球が入る確率は 9.38%，…，となっており，穴の番号（①～⑦）と確率は1対1対応になっている。このとき，この穴の番号は**確率変数**（random variable）であるということができる。確率変数は，確率によって理論的にどのような値（この例の場合，穴の番号）を取るかが決まっている変数である。

別の言葉で記すなら，確率分布は，確率変数のおのおのの値とその起こる**確率**（**生起確率**）との対応関係を示したものである，ということもできる。

もう一例，わが国の全世帯が1年間にどの程度の所得を得ているか，ヒストグラムを**図 3.3**に示す。

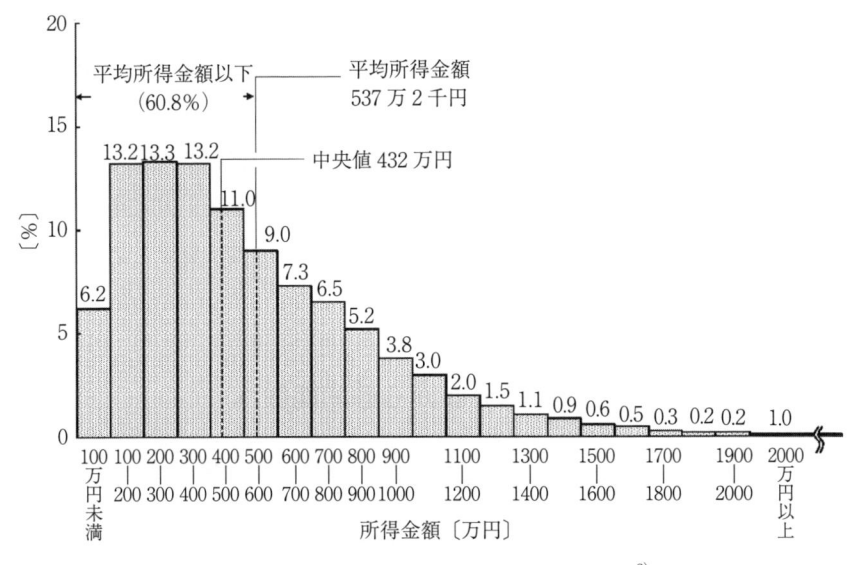

**図 3.3** わが国における世帯所得（平成 25 年）[2]

わが国にはさまざまな年間所得の世帯が存在しており，ヒストグラム化すると整った分布形となる[†]。階級の柱の上にはパーセンテージが添えられている。ある1世帯を無作為に取り上げたとき，その世帯の年間所得がどの階級にあてはまるか，この確率は記載されたパーセンテージで決まることになる。この意味で，図 3.3 の分布形も確率分布と読むことができる。そして，すべての階級の柱の上に書き添えられたパーセンテージを足し合わせると，この例でも 100% となる。この場合の確率変数は，図 3.3 のグラフ横軸に記されている所得金額である。

---

[†] 全体の4割弱を占める世帯は年収 100〜400 万円である。平均年間所得は 537 万 2 千円，中央値は 432 万円であるが，これらの代表値は必ずしも世帯数が多い階級を反映しない。2 章で学んだように，データの把握のために平均値や中央値だけを読むのでは本質を見誤るおそれがある。得られた元のデータをヒストグラム化し分布形を確認することは，データの把握のための重要なステップであることを改めて認識する必要がある。

## 3. 確率と確率分布

本節の説明は，確率論の基礎の基礎にあたるものである。**データを数多く集めると一定の分布形を持つこと，そして，確率は一定の分布形を持つこと**がわかる。加えて，取り扱う**事象**[†]**の発生確率をすべて足し合わせると100％（割合として表現するならば1）**である。

以降，より深い議論に入っていくことになるが，その過程で本節で示したことを忘れてしまう人を時折見かけることがある。確率的な考え方に迷ったら，本節に立ち返ってまずデータを図化し，地に足を付けて確率をとらえることを勧める。

## 3.2 確率分布から確率関数へ

### 3.2.1 離散型・連続型の確率分布と確率変数

ゴールトン盤（図3.2）の確率分布は，1.56％，9.38％，…，というように変数ごとに飛び飛びの値から構成されている。このような分布を**離散型**（discrete）**の確率分布**という。確率変数も飛び飛びの値をとっているから，この場合の確率変数を**離散型確率変数**と呼ぶ。離散型確率変数は，変数の値が整

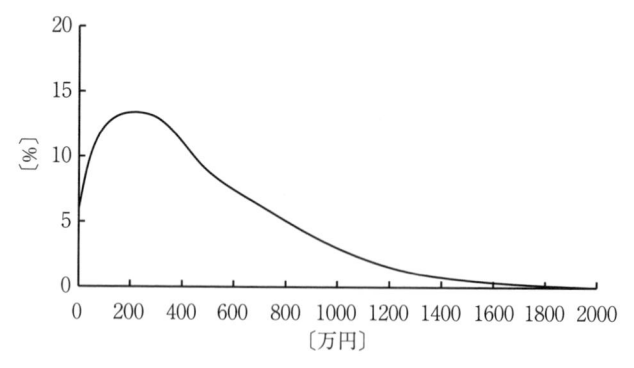

**図3.4** わが国における世帯所得（平成25年）[2]を連続分布としてとらえる

---

[†] ゴールトン盤の例ではどの穴に着地するか，世帯年間所得の例ではどの年収階級にあてはまるかが事象である。

数（1番，2番，…）や記号（①，②，…，あるいは，アンケート調査などの場合は「はい」「いいえ」など）で表される。

一方，わが国の世帯所得は1世帯ごとに異なる数字であるから，もし仮に世帯所得（図3.3）のヒストグラムの階級の幅をどんどん狭めていくと，階級の柱はしだいに見えづらくなり，最後には曲線だけが見えるようになると考えられる（図3.4）。このような分布を**連続型**（continuous）**の確率分布**という。確率変数も連続しており，この場合の確率変数を**連続型確率変数**と呼ぶ。

### 3.2.2 確率質量関数・確率密度関数

確率変数を$x$とすると，これまでに見てきた分布形は，$x$の関数としての確率分布$P(x)$であると見ることができる。これを**確率関数**（probability function）と呼ぶ。

離散型の確率分布の場合，これらの確率関数を**確率質量関数**[†]（probability mass function：**PMF**）という。一方，連続型の確率分布の場合，その確率関数を**確率密度関数**（probability density function：**PDF**）と呼ぶ。

ゴールトン盤のような離散型の確率分布の場合，確率変数$x$にある値を与えれば，対応する確率はただちに決まる（ヒストグラムでは棒の高さに相当する）。しかし，世帯所得（図3.4）のような連続型の確率分布の場合，確率変数$x$にある一つの値を与えると確率は0になる。確率密度関数は以下のように定義されているからである。

$$P(a \leq x \leq b) = \int_a^b f(x)dx \quad \left(ただし，f(x) \geq 0 \quad かつ \quad \int_{-\infty}^{\infty} f(x)dx = 1\right)$$
(3.1)

よって，連続型の確率分布において確率を求める場合，$a \leq x \leq b$の区間での，$f(x)$の示す関数形の下側の部分の面積を求める必要がある（**図3.5**）。

---

[†] 単に**確率関数**と呼ばれることも多い。

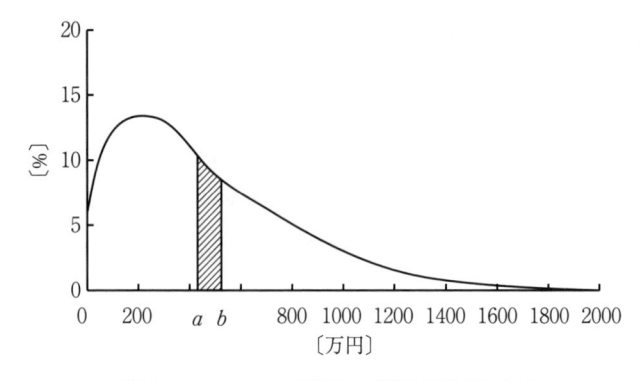

**図 3.5** $a \leqq x \leqq b$ の区間での面積が確率となる

### 3.2.3 累積分布関数

確率変数 $x$ において，ある値以下の確率が必要な場合，**累積分布関数**（cumulative distribution function：**CDF**）[†] を利用することがある。例えば，ゴールトン盤（図 3.2 参照）や世帯所得（図 3.4 参照）の累積分布関数を作図すると，それぞれ**図 3.6**，**図 3.7** のようになる。

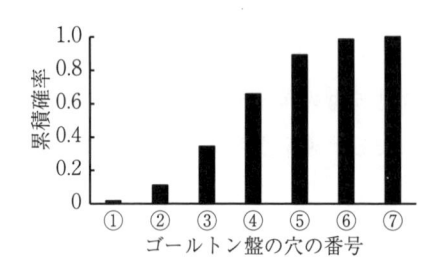

**図 3.6** ゴールトン盤の累積分布関数 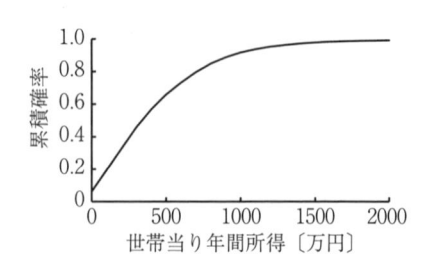　　**図 3.7** 世帯年間所得の累積分布関数

図 3.6 の場合，例えば 4 番（④）については，1 番（①）～ 4 番（④）の穴に球が入る確率を足し合わせた累積確率を表示している。図 3.7 についても同様に，例えば 500 万円の世帯については，0 ～ 500 万円までの確率を足し合わ

---

[†] 単に**分布関数**（probability distribution function）とも呼ばれる。「確率分布」と混同しないよう注意が必要である。

せた（積分した）値を表示している。したがって，確率変数$x$がとりうる最大値では累積確率は1となる。

## 3.3 二 項 分 布

### 3.3.1 ベルヌーイ試行とその確率
この世界で起こる現象には，結果が2種類しかないタイプのものが珍しくない。
- 明日は雨が降るか降らないか
- つぎに通過する自動車のドライバーは高齢者か若者か
- コイントス（コイン投げ）の結果が表か裏か

$\vdots$

このように結果が2種類しか存在しない試行を，**ベルヌーイ**[†]**試行**と呼ぶ（または，ベルヌーイ型の事象とも呼ばれる）。

確率で表現するならば，天気予報が「明日の降水確率は20％」と報じているならば明日の雨が降る確率は20％（つまり0.2）ということになるし，観測されたドライバーの老若比が6：4であれば，つぎに通過する自動車のドライバーが高齢者である確率は60％（つまり0.6）と予測できるだろうし，コインを投げて表が出る確率はおおむね50％（つまり0.5）ということができるだろう。この確率の数値（0.2，0.6や0.5）を$p$と置くことにする。

### 3.3.2 二項分布の導出
少し具体的なケースを考えてみることにする。雨が降ると作業が完全にストップする建設現場の施工管理を行っており（**写真3.1**），この時期の雨天率は0.3であることがわかっている。向こう3日の間で，どの程度雨天で休工になるかどうか，0日～3日の四つの場合についてそれぞれの確率を求めたい。

---

[†] スイスの数学者ヤコブ・ベルヌーイ（1654～1705）の功績を称えてこう呼ばれる。ヤコブはロピタルの定理を発見したヨハン・ベルヌーイ（1667～1748）の兄であり，流体力学におけるベルヌーイの定理を導いたダニエル・ベルヌーイ（1700～1782）の叔父である。

(1) **3日とも雨天の場合** 最悪のケースである。雨天率は0.3であり，これが連続して続く確率を求めるには，この確率の掛け算になるはずである。3日連続する場合の確率は以下のとおりになる。

$$0.3^3 = 0.027$$

(2) **雨天が0日の場合，つまり3日とも雨が降らない場合** 雨天率は0.3である。ということは，雨が降らない確率は$1-0.3=0.7$となるはずである。これが3日連続するのだから確率は以下のとおりになる。

$$0.7^3 = 0.343$$

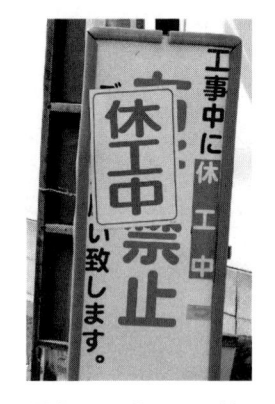

写真3.1 休工中の看板

(3) **雨天が1日の場合** 場合分けを用いて考える必要がある。

- 1日目に雨天で休工，あとの2日は雨が降らない確率
  $0.3 \times 0.7^2 = 0.147$
- 2日目に雨天で休工，あとの2日は雨が降らない確率
  $0.7 \times 0.3 \times 0.7 = 0.147$
- 3日目に雨天で休工，あとの2日は雨が降らない確率
  $0.7^2 \times 0.3 = 0.147$

これらを足し合わせると，0.441となる。

(4) **雨天が2日の場合** 場合分けを用いて考える必要がある。

- 1日目と2日目に雨天で休工，あとの1日は雨が降らない確率は
  $0.3^2 \times 0.7 = 0.063$
- 1日目と3日目に雨天で休工の場合も計算は同様で0.063
- 2日目と3日目に雨天で休工の場合も同じく0.063

これらを足し合わせて，0.189である。

なお，この建設現場の例で得られた，すべての場合の雨天で休工になる確率を足し合わせてみると

$$0.027 + 0.343 + 0.441 + 0.189 = 1$$

となり,「確率現象の発生確率をすべて足し合わせると1になる」ことを3.1節で示したように,ここでも当然同じことが起こる。改めて確認しておきたい。

この例の一般化を試みる。確率 $p$(上記の場合, $p=0.3$)を持つ事象が $n$ 回の観察中 $x$ 回起こる確率を考えてみると

$$\underbrace{p \cdot p \cdot p \cdot p \cdots}_{(p \text{ が } x \text{ 個})} \cdot \underbrace{(1-p) \cdot (1-p) \cdot (1-p) \cdot (1-p) \cdots}_{((1-p) \text{ が } (n-x) \text{ 個})} = p^x \cdot (1-p)^{(n-x)}$$

ただし,上記の式は事象の発生する順番についてはまだ考えていない。$x$ 個の $p$ と,$(n-x)$ 個の $(1-p)$ をどう並べるかは,さまざまな方法があり得る。この並べ方は,$n$ か所のうちから $x$ か所を選ぶ組合せなので,その数は

$$_nC_x = \frac{n!}{x!(n-x)!} \tag{3.2}$$

で表現される。なお,$x!$ は $x$ の階乗†である。

この組合せの一つひとつが,$p^x \cdot (1-p)^{(n-x)}$ の確率を持つので,「確率 $p$ のベルヌーイ型の事象が $n$ 回の観察中 $x$ 回起こる」確率を一般化して表現すると

$$f(x) = {_nC_x} \cdot p^x \cdot (1-p)^{(n-x)} \quad (x=0, 1, 2, \cdots) \tag{3.3}$$

このように記述できるはずである。この分布は**離散型の分布**であることから,3.2節で見たように,$f(x)$ は**確率質量関数**,$x$ は**離散型確率変数**である。

ここで,導出できた式(3.3)を用いて,この具体例を再考してみたい。観察回数 $n=3$ であり,確率は $p=0.3$ であった。雨天は3日,2日,1日,そして0日起こる(=1日も起こらない)可能性があり,この**事象の数(3, 2, 1, 0日)が $x$** である。事象それぞれについて場合分けして考える。

$$f(3) = {_3C_3} \times 0.3^3 \times (1-0.3)^{(3-3)} = \frac{3!}{3!(3-3)!} \times 0.3^3 \times 0.7^0 = 0.027$$

$$f(2) = {_3C_2} \times 0.3^2 \times (1-0.3)^{(3-2)} = \frac{3!}{2!(3-2)!} \times 0.3^2 \times 0.7^1 = 0.189$$

$$f(1) = {_3C_1} \times 0.3^1 \times (1-0.3)^{(3-1)} = \frac{3!}{1!(3-1)!} \times 0.3^1 \times 0.7^2 = 0.441$$

---

† 例えば,$3! = 3 \times 2 \times 1 = 6$,$5! = 5 \times 4 \times 3 \times 2 \times 1 = 120$ である。なお,$0! = 1$ である。

$$f(0) = {}_3C_0 \times 0.3^0 \times (1-0.3)^{(3-0)} = \frac{3!}{0!(3-0)!} \times 0.3^0 \times 0.7^3 = 0.343$$

横軸を $x$，縦軸を $f(x)$ としてグラフを示す。また同時に，$p=0.1$，0.2，0.4，0.5，0.6 のケースについても計算しグラフ化しておく（**図 3.8**）。

それぞれの $p$ に対して何らかの分布形が確認できる。これが**二項分布**（binomial distribution）と呼ばれる分布形である。$p=0.5$ の場合には左右対称の分布形が得られる。$p<0.5$ のときには分布は正に（右に）ひずみ，$p>0.5$ のときには負に（左に）ひずむ。

$p=0.5$ のときの形状は，3.1 節のゴールトン盤で見た球の数の分布（図 3.2）と相似している。仮に，$n=64$ とした場合，結果は図 3.2 そのものになる。このことは，後ほど述べる 3.5 節（正規分布）につながっていく。この二項分布の分布形と確率関数は，確率分布の基礎として非常に重要である。

なお，**二項分布の平均値は $np$，分散は $np(1-p)$** で表される。上記のケースの場合，平均値 $np=3\times 0.3=0.9$，分散は $np(1-p)=3\times 0.3\times (1-0.3)=0.63$ となる。

図 3.2 と見比べると，二項分布とは $p$ の確率でベルヌーイ分布する $n$ 個の確率変数の和の分布であると考えることができる。ベルヌーイ分布する変数は，確率 $p$ で 1，確率 $1-p$ で 0 となるから，その平均値は $1\times p + 0\times (1-p) = p$ である。この変数が $n$ 個ある場合の和は $np$ であり，これが二項分布の平均値となる。

分散は，(2 乗の平均) − (平均の 2 乗) という計算で求めることが可能であることを 2.4.4 項で学んだ。ベルヌーイ分布する変数（0 か 1）の 2 乗の平均値は，$1^2\times p + 0^2\times (1-p) = p$ である。ここから平均値 $p$ の 2 乗を引くと $p - p^2 = p(1-p)$ となる。この分散 $p(1-p)$ の $n$ 個の和が二項分布の分散であるから，二項分布の分散は $np(1-p)$ となる[†]。

---

[†] 二項分布の場合，$n$ 回の事象は完全に独立であるためこの計算が成立する。二項分布の平均と分散に関する上記の説明は，式変形が伴わないため納得しづらいかもしれない。必要に応じて，成書[3],[4]にある厳密な証明を参照することを勧める。

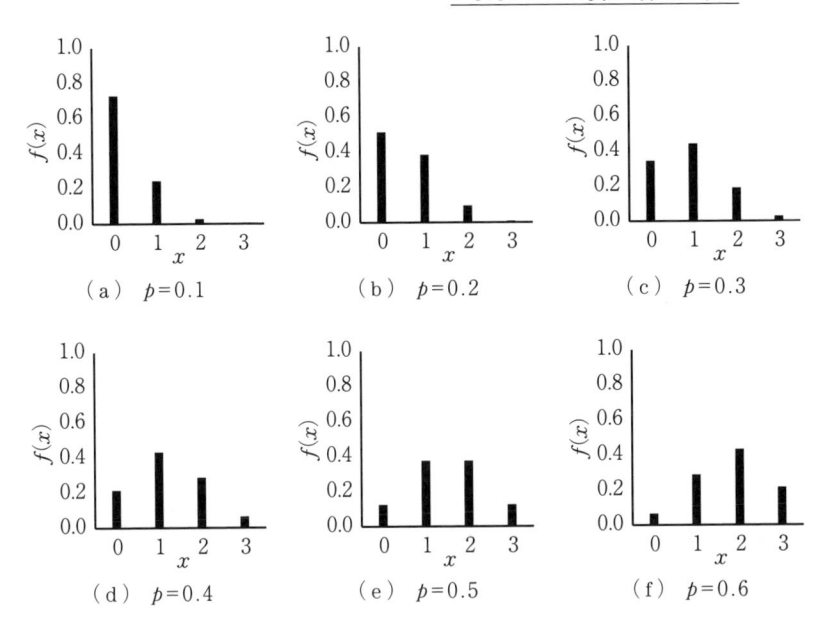

**図 3.8** $n=3$, $p=0.1\sim0.6$ の二項分布

---

【例題 3.1】 新しい造成地から得られた表層土 20 試料に対し土質試験を実施したところ、12 試料が粗粒土、8 試料が細粒土であった†。この表層土について 3 試料の追加試験を実施したとき、3 試料すべてが細粒土である可能性はどの程度か。

---

† 土質材料を粒径で区分する場合、粗粒分（75 μm 以上の粒子）を 50% 以上含むものを粗粒土、細粒分（75 μm 以下の粒子）を 50% 以上含むものを細粒土として大別する[5]。

【解答】 20試料の土質試験から，細粒土である割合は

$$p = \frac{8}{20} = 0.4$$

追加試験は3試料なので $n=3$。これらがすべて細粒土である確率を求めようとしているから，$x=3$ である。

二項分布の確率質量関数の式（3.3）にあてはめると

$$P(x, n, p) = f(x) = {}_nC_x \cdot p^x \cdot (1-p)^{(n-x)}$$

$$f(3) = P(3, 3, 0.4) = {}_3C_3 \times 0.4^3 \times (1-0.4)^{(3-3)}$$

$$= \frac{3!}{(3!(3-3)!)} \times 0.4^3 \times 0.6^0 = 0.4^3 = 0.064$$

3試料すべてが細粒土である確率は0.064（パーセンテージで表現するなら6.4％）である。　　◇

【例題3.2】 老朽化した橋脚5 000本を検査したところ，920本に耐震補強が必要であることが判明した。この検査法で橋脚10本を検査したときに，以下の（1）〜（3）についてそれぞれの確率〔％〕を求めよ。

（1） 補強が必要な橋脚が見つからない確率。

（2） 補強が必要な橋脚が1本だけ見つかる確率。

（3） 補強が必要な橋脚が2本見つかる確率。

【解答】

（1） 耐震補強が必要な橋脚の割合は

$$p = \frac{920}{5\,000} = 0.184$$

検査する橋脚は10本なので $n=10$。補強が必要な橋脚が見つからない，とい

うことは，$x=0$ である。

二項分布より
$$f(0) = P(0, 10, 0.184) = {}_{10}C_0 \times 0.184^0 \times (1-0.184)^{(10-0)}$$
$$= \frac{10!}{0!(10-0)!} \times 0.184^0 \times (1-0.184)^{(10-0)}$$
$$= 0.1308\cdots。つまり 13.1\% である。$$

（2）（1）と同様に求める。
$$f(1) = P(1, 10, 0.184) = {}_{10}C_1 \times 0.184^1 \times (1-0.184)^{(10-1)}$$
$$= \frac{10!}{1!(10-1)!} \times 0.184^1 \times (1-0.184)^{(10-1)}$$
$$= 0.2951\cdots。つまり 29.5\% である。$$

（3）（1）と同様に求める。
$$f(2) = P(2, 10, 0.184) = {}_{10}C_2 \times 0.184^2 \times (1-0.184)^{(10-2)}$$
$$= \frac{10!}{2!(10-2)!} \times 0.184^2 \times (1-0.184)^{(10-2)}$$
$$= 0.2994\cdots。つまり 29.9\% である。 \quad \diamondsuit$$

## 3.4 ポアソン分布

### 3.4.1 ポアソン分布の確率質量関数

本節では，二項分布における観察回数 $n$ が非常に大きく，さらに事象の発生確率 $p$ が非常に小さい場合を考える。このような場合，二項分布は**ポアソン**[†]**分布**（Poisson distribution）に近づくことが知られている。具体的には以下のような，非常に多くの独立な観察回数のうち，ほんの少数の場合にしか発生しないような，つまり偶然を問う出来事の場合に用いられやすい（このことから，小数の法則（または，少数の法則）と呼ばれることもある）。

- 交通事故や地震の発生確率
- 大量生産される工業製品の不良品の発生確率
- 官公庁や会社の受付に電話がかかってくる件数

---

[†] フランスの数学者シメオン・ドニ・ポアソン（1781～1840）にちなんでポアソン分布と呼ばれる。

これらのうち,「電話のかかってくる件数」に少し違和感を持つかもしれない。この場合,例えば,1日平均9本の電話がかかってくると仮定するとよい[†1]。1回の電話は数分で終了するであろうから,1日を分単位に換算するのが妥当であろう。すなわち1日は24×60＝1 440分であり,このなかで9回の着信があるのであるから,着信する確率は9/1 440＝0.006 25（0.625%）である。1日を1分単位に細かく区切れば,観察回数は1 440回あり,そのなかのある1分間に着目すると,着信確率は0.006 25ということになる。これは $n=1 440$, $p=0.006 25$ の二項分布として表現することが可能であるが,二項分布の確率関数を示す式（3.3）にあてはめると

$$f(x) = {}_{1\,440}C_x \times 0.006\,25^x \times (1-0.006\,25)^{(1\,440-x)}$$

$$= \frac{1\,440!}{x!(1\,440-x)!} \times 0.006\,25^x \times (1-0.006\,25)^{(1\,440-x)}$$

という計算を行う必要がある。1 440の階乗はきわめて大きな数値であり,この演算を実行するのは非常に難しい[†2]。このようなときの近似計算として,有用なのがポアソン分布である。

$\lambda = np$ とするとき,ポアソン分布は以下の確率質量関数で表される。

$$f(x) = \frac{e^{-\lambda}\lambda^x}{x!} \tag{3.4}$$

ここに,$e$ は自然対数の底[†3]である。

---

[†1] この受付は24時間対応と仮定する。1日9回も着信するようでは偶然にはほど遠いように思われるかもしれないが。

[†2] スターリングの公式（またはスターリングの近似）を使えば近似が可能であるが,本書では取り扱わないので成書[3]等を参照のこと。また,この際,手元の電卓やパソコン等で,階乗が演算可能な限界を一度確認しておくと,この計算の困難さが体得できるだろう。

[†3] ネイピア（Napier）数：2.718 281 828 459…。名前は最初の研究者ジョン・ネイピア（1550〜1617）に,記号 $e$ は学問体系に導入したレオンハルト・オイラー（1707〜1783）の功績にちなんでいる。コンピュータ上では（あるいは書籍によっては）$e^x$ に代わってしばしば $\exp(x)$ の記法が用いられる。exp は「指数」を意味する exponential（エクスポネンシャル）の略語である。

### 3.4.2 ポアソン分布の平均値と分散

二項分布の場合，平均値は $np$ であった。$n→∞$，$p→0$ の近似であるポアソン分布であっても，$\lambda = np$ が平均値であることには変わりはない。ポアソン分布の**分散は平均とまったく同じ** $\lambda = np$ である。二項分布の分散 $np(1-p) = \lambda(1-p)$ とするとき，$p→0$ となれば，分散は $\lambda$ だからである。

### 3.4.3 二項分布とポアソン分布の選択指針

実務で発生する問題に対して，二項分布とポアソン分布（二項分布の $n→∞$，$p→0$ のケース）のどちらを適用すべきか迷うことは，おおいにありそうである。

一般に，$p$ が非常に小さく $n$ が大きいときはポアソン分布を当てはめるほうが妥当であり，それ以外は二項分布を当てはめるのが適当とされる。この判断の分かれ目について，$n≧100$ で $p≦0.05$ [4]，あるいは，およそ $n>50$ であって $n≈50$ に対して $np≦5$ 程度 [6] といったガイドラインが知られている。これらの条件を満たす場合は，ポアソン分布を当てはめるほうが妥当である。

【例題 3.3】 ある航空会社において，飛行機の故障が原因で起きた事故の確率は 100 000 回飛行したときに 2 回であった。この航空会社のあるパイロットの年間飛行回数は 200 回である。では，そのパイロットが 10 年間で 1 度でも事故に遭う確率をポアソン分布を用いて計算せよ。

**【解答】** 事象の観察回数は10年間の飛行回数と等しい。$n = 200 (回／年) \times 10 (年) = 2\,000 (回)$ であり，事故の起こる確率 $p$ は

$$p = \frac{2}{100\,000} = 0.000\,02$$

である。事故に遭う期待値（平均値）$\lambda = np$ だから

$$\lambda = 2\,000 \times 0.000\,02 = 0.04$$

10年間に1度以上事故に遭う確率は，1から（10年間に1回も事故に遭わない確率，つまり事故0回の確率）を引いた値となるはずである。10年間で事故に遭わない確率は

$$f(0) = \frac{e^{-0.04} \times 0.04^0}{0!} = 0.960\,789\cdots$$

これを1から引くと，$1 - f(0) = 0.039\,210\cdots$

つまり，10年間で1度でも事故に遭う確率は0.039 2となる。 ◇

---

**【例題3.4】** 表3.1は，ある高速道路の料金所に到着する車の台数を20秒間隔で420回測定し，間隔ごとに回数を整理したものである。車の到着がポアソン分布に従うものとして，理論値（ポアソン分布の確率質量関数から求めた値）と実測値（観測された回数）を比較せよ[†]。

表3.1 料金所に到着した車の台数（20秒間隔で測定）

| 到着台数（20秒間） | 0 | 1 | 2 | 3 | 4 | 5 | 6 | 計 |
|---|---|---|---|---|---|---|---|---|
| 観測回数 | 190 | 150 | 60 | 15 | 3 | 2 | 0 | 420 |

---

[†] 松原（2011）[7] を改題した。

## 3.4 ポアソン分布

【解答】 まず,到着した車の台数を求める。

0台到着した(1台も到着しなかった)観測回数が190回あるが,これはカウント不要である。

- 1台到着した回数は150回なので,$1 \times 150 = 150$ 台
- 2台到着した回数は60回なので,$2 \times 60 = 120$ 台
- 3台到着した回数は15回なので,$3 \times 15 = 45$ 台
- 4台到着した回数は3回なので,$4 \times 3 = 12$ 台
- 5台到着した回数は2回なので,$5 \times 2 = 10$ 台
- 6台到着した回数は0回なので,$6 \times 0 = 0$ 台

これらを足し合わせると337台である。420回の観測回数で337台の車を数えたことになるから,1回の観測回数当りの車の到着台数は

$$\frac{337}{420} = 0.80238\cdots 台/回$$

である。これがポアソン分布の平均値 $\lambda = np$ となる(**表3.2**)。

表3.2 ポアソン分布による観測回数の理論値と実測値の比較

| 到着台数(20秒間) | 0 | 1 | 2 | 3 | 4 | 5 | 6 | 計 |
|---|---|---|---|---|---|---|---|---|
| 観測回数 | 190 | 150 | 60 | 15 | 3 | 2 | 0 | 420 |
| 車の台数 | 0 | 150 | 120 | 45 | 12 | 10 | 0 | 337 |
| 確率質量関数 $f(x)$ | 0.448 | 0.360 | 0.144 | 0.039 | 0.008 | 0.001 | 0.000 | 1.000 |
| ポアソン分布から予想される観測回数の理論値 | 188.3 | 151.1 | 60.6 | 16.2 | 3.3 | 0.5 | 0.1 | 420 |

この $\lambda$ と,確率変数 $x$ として「到着台数(20秒間)」を用いて,ポアソン分布の確率質量関数と観測回数の理論値を算出する。「ポアソン分布から予測される観測回数の理論値」は,「確率質量関数 $f(x)$」に総観測回数(420回)をかけて求めることができる。

観測回数の実測値と,ポアソン分布から予測される観測回数の理論値を**図3.9**に比較した。実測値と理論値が比較的良い一致を示していることがわかる。

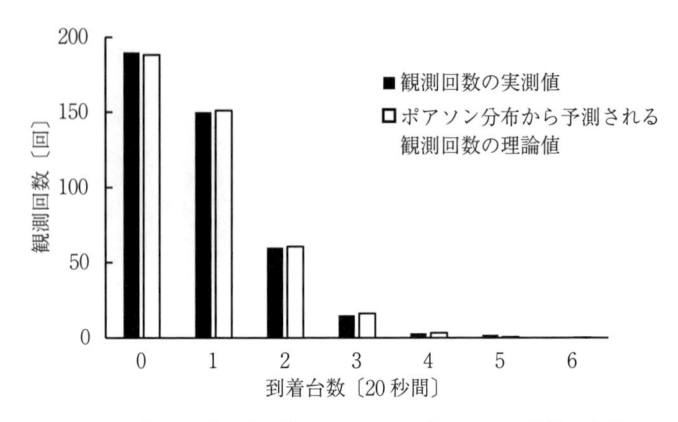

図 3.9 観測回数の実測値とポアソン分布による理論値の比較 ◇

## 3.5 正 規 分 布

### 3.5.1 正規分布の確率密度関数

ポアソン分布の取り扱い対象は,「観察回数 $n$ が非常に大きく,さらに事象の発生確率 $p$ が非常に小さい場合」であった。続いて本節で取り扱うのは,二項分布において「観察回数 $n$ だけを非常に大きくした場合」である。

この試行は 3.1 節のゴールトン盤の球を非常にたくさん落とし続けた場合にあたるので,得られる分布形は釣鐘型になるはずである。この分布を**正規**[†1] **分布**（normal distribution）と呼ぶ[†2]。正規分布は確率統計のなかで非常に重要かつ中心的な役割を果たしているので,確実にマスターすることが必要である。正規分布の**確率密度関数**は,以下の式で表される。

---

[†1] 「正規」（normal）と最初に表現したのは,ゴールトン盤（3.1 節参照）で知られるフランシス・ゴルトンであった。「正規」とは「どこにでもみられる」「あたりまえの」といった意味合いである。

[†2] ガウス分布（Gaussian distribution）とも呼ばれる。ドイツの数学者・天文学者・物理学者カール・フリードリヒ・ガウス（1777～1855）にちなむ。彼の数多くの偉業の一つは,天文観測データや測量データに含まれる誤差を分析し,これが正規分布に従うことを見出したことである。最小二乗法（6 章）を初めて見出したのもガウスであると考えられている。

$$f(x) = \frac{1}{\sigma\sqrt{2\pi}} e^{-\frac{1}{2}\left(\frac{x-\mu}{\sigma}\right)^2} \tag{3.5}$$

ここに，$\mu$ は平均値，$\sigma$ は標準偏差[†1]（すなわち $\sigma^2$ は分散），$\pi$ は円周率，$e$ は自然対数の底である。すなわち，正規分布は平均値 $\mu$ と分散 $\sigma^2$ によって完全に決定することができる。このことから，正規分布（上記の確率密度関数）を $N(\mu, \sigma^2)$ という記号で表すことも多い。

二項分布（式 (3.3)）において $n$ を大きくすると式 (3.5) になることは直観的には理解が困難である。この導出法は本書では触れないが，数学が得意であれば，より高度な情報を書物等から得て，ド・モアブル[†2] の足跡をたどってみることを勧める。

式 (3.5) について，一例として $\mu=6, \sigma^2=4$ と設定してグラフ化した（**図 3.10**）。

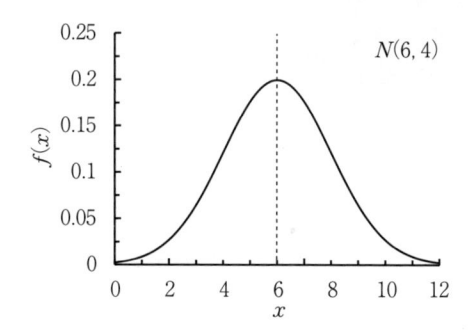

**図 3.10** $\mu=6, \sigma^2=4$ の正規分布の確率密度関数

確率変数 $x$ は $-\infty \sim +\infty$ までを取りうる。分布の形状は $\mu$ を中心に左右対称であり，$\mu$ は中央値と等しい。ベルを伏せたようにも見えることから，この形状は**ベルカーブ**とも呼ばれる。また，$x=\mu-\sigma=4, x=\mu+\sigma=8$ のところが変曲点になっていることにも留意すべきである。平均値 ± 標準偏差（$\sigma$）のところに変曲点がくる，ということは，正規分布の大きな特徴の一つである。

---

[†1] $n \to \infty$ ということは，母集団を取り扱うと解釈できるので，平均値を $\mu$ で，標準偏差を $\sigma$ で表す。詳しくは 4 章を参照のこと。

[†2] フランスの数学者アブラーム・ド・モアブル（1667 〜 1754）。正規分布の確率密度関数を導出した。ド・モアブルの定理などでも知られる。

図3.10の縦軸は確率を示しているが，具体的なイメージはつかみづらいかもしれない．理解を深めるために具体的なデータ採取の例を考えてみることにする．

ある下水処理施設の放流水質を，100日間にわたって1日1回，14時に測定した（**写真3.2**）．BOD（生物化学的酸素要求量）[†1]のデータを整理したところ，平均濃度は6 mg/$l$，標準偏差は2 mg/$l$であった．得られたBODデータのヒストグラムを**図3.11**に示す．

**写真3.2** 下水処理施設での採水

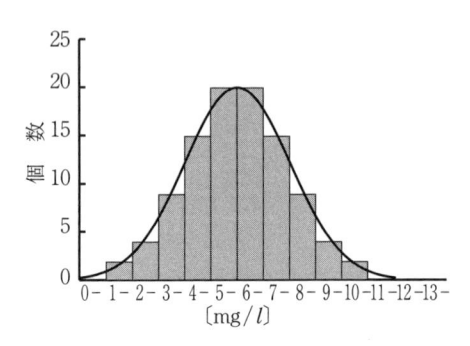

**図3.11** 100日間のBODデータのヒストグラム（$\mu = 6$ mg/$l$，$\sigma = 2$ mg/$l$）

図3.10に示した正規分布の確率密度関数と非常によく似た形状のヒストグラムが得られた．つまり，この100日分のサンプルのBOD濃度は正規分布に従っていると見てよさそうである．実際，上記のように得られた水質や流量の測定データであっても，造成地の複数地点に同一の重量物を静置して得られた地盤の沈下量であっても，工場で大量製造される部材の長さであっても，**われわれが計測することができる多くの「データ」や「誤差」は，おおむね正規分布していると考えてよい**[†2]．

---

[†1] 生物化学的酸素要求量（biochemical oxygen demand：BOD）は，最も基本的な水質指標の一つである．酸素を消費する物質（おもに有機物）が水中にどの程度含まれているかを示す．この値が高いと水中の酸素濃度が低下し，最悪の場合には酸素が枯渇する恐れがある．これは，水生生物の死滅，悪臭の発生，透明度の低下などの問題につながる．

[†2] ただし，3.1節で見た平均所得のように，正規分布ではないように見受けられる分布になっていることもありうる（この場合，正規分布以外の分布を仮定した解析が必要となる）ので，データをヒストグラム化して確認することは非常に重要である．

正規分布のベルカーブに直面する際，図3.11に見たように実データを示したものなのか，図3.10のように確率（あるいは割合）を示したものなのか，混乱することがあるかもしれない．例題や演習などを通じて，これらの使い方に習熟することが肝要である．

### 3.5.2 標準正規分布とその確率密度関数

正規分布の確率密度関数の計算は，コンピュータがなければ，なかなか面倒である．正規分布をさらに手早く扱うために，標準化というテクニックを紹介する．コンピュータや計算機なしで必要な計算が終わってしまう方法であり，コンピュータ全盛のこの時代でも有用さは不変である．

正規分布の平均値が $\mu$，標準偏差が $\sigma$ の場合

$$z = \frac{x - \mu}{\sigma} \tag{3.6}$$

という新たな変数 $z$ を設定すると，元の正規分布がどのようなものであろうと，$z$ は平均 $\mu=0$，標準偏差 $\sigma=1$ の正規分布に従うことになる．この作業を**標準化**という．標準化後の正規分布の確率密度関数を以下に示す．

$$f(x) = \frac{1}{\sqrt{2\pi}} \exp\left(-\frac{1}{2}x^2\right) \quad (-\infty < x < \infty) \tag{3.7}$$

式 (3.7) は，式 (3.4) に $\mu=0$, $\sigma=1$ を代入した場合に等しく，よって，$z$ は $N(0,1)$ の正規分布であることがわかる．この分布を**標準正規分布**（standard normal distribution）という．**図3.12** にグラフ化しておく．

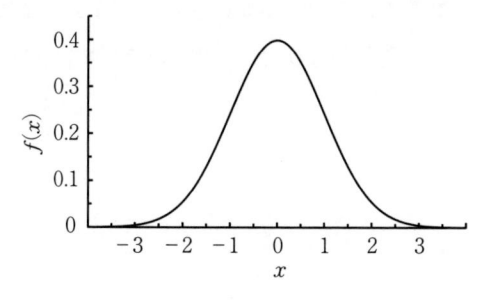

**図3.12** 標準正規分布

一例として，$N(6,4)$ の正規分布において $7 \leq x \leq 9$ となる確率が，標準化によってどう変換されるかを**図 3.13** に示す。式（3.6）を用いて $x=7$ を標準化すると $z=0.5$ となる。同様に，$x=9$ を標準化すると $z=1.5$ となる。標準化後の $z$ 値のとるべき範囲は $0.5 \leq z \leq 1.5$ となる。

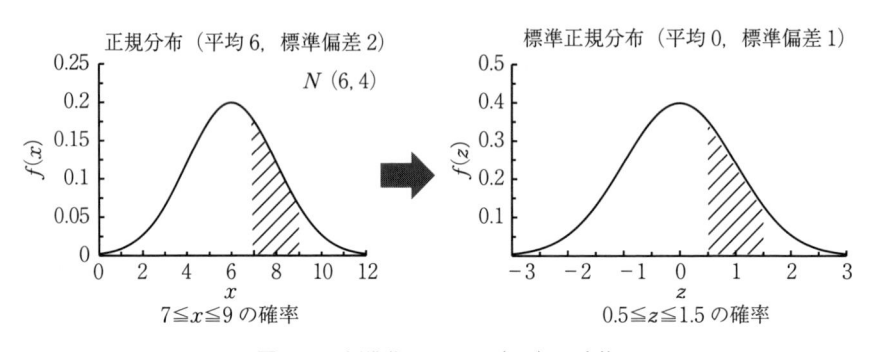

**図 3.13** 標準化による $N(6,4)$ の変換

正規分布における確率は縦軸に示されているものの，分布形が連続分布であるため，（ベルカーブの中の一部の面積）/（ベルカーブの中の全体の面積）を計算することが確率に等しい，という考え方をする。標準化の前後で，求めるべき確率は変わらない。

もとの正規分布がいかなるものであったとしても，標準化を経るとすべては $N(0,1)$ に変換されてしまうのだから，正規分布の計算は $N(0,1)$ についてのみ考えればよい。式（3.7）を用いて計算するのもよいが，変数は $z$ 値だけであるから，あらかじめさまざまな $z$ 値に関して必要な計算をすませておき表にまとめておくと，計算の手間すら不要になる。そのような数表が本書の付録に収録されているので，具体的な使い方は例題を参考にしつつ，フルに活用することが望ましい。

## 3.5 正 規 分 布

**【例題 3.5】** ある低湿地の区画に大雨が降ると，その区画からの流出水量は平均 $80\,\mathrm{m^3/s}$，標準偏差 $20\,\mathrm{m^3/s}$ の正規分布に従うことがわかっている[†]。大雨の際には放流先の河川の水位も上昇しているため，排水システム（低地の雨水を排除するポンプなど）を利用しなければならない。このシステムの設計最大排水量が $120\,\mathrm{m^3/s}$ であるとき，以下の設問（1），（2）に答えよ。

（1） $z$ 変数を用いて正規分布を標準正規分布に変換し，付録の標準正規分布表（付表1）を参考に洪水確率を求めよ。なお「洪水」とは，降雨量が想定以上に大きく，区画からの流出水量が設計最大排水量を超える状態（すべてを排水できない状態）を指す。

（2） 大雨時の排水量が $60 \sim 90\,\mathrm{m^3/s}$ の間になる確率を求めよ。

写真提供：農林水産省北陸農政局新川
　　　　　流域農業水利事業所[8]

**【解答】** 正解を導くためには必ずしも必要ではないが，理解を促進し，考え違いを防止するために略図を用意することを強く勧める（**図 3.14**）。

$x=120$ のとき，そして $x=60$，$x=90$ のときが重要になることがわかる。これらの条件をあらかじめ $z$ 変数に変換しておく。なお，$\mu=80$，$\sigma=20$ である。

$x=120$ のとき：$z=\dfrac{x-\mu}{\sigma}=\dfrac{120-80}{20}=2$

$x=60$ のとき：$z=-1$

$x=90$ のとき：$z=0.5$

---

[†] 単位の $\mathrm{m^3/s}$ の s は，second（秒）の略である。

## 3. 確率と確率分布

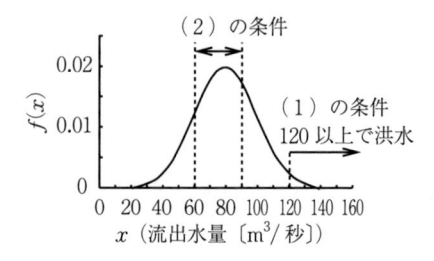

**図3.14** 低湿地からの流出水量の生起確率[†]

図3.14を標準化したグラフ（**図3.15**）に上記の$z$値をあてはめてみる。$x$軸と$y$軸の数値が異なるだけで，本質的には同じグラフが描かれているのが見てとれる。

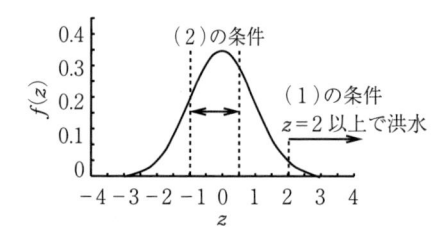

**図3.15** 例題3.5の条件を標準正規分布にあてはめる

（1） 洪水発生確率は，図3.15の標準正規分布（ベルカーブ）の中の，$z>2$の面積に等しい。ここで，標準正規分布表（付録の付表1参照のこと）のなかの，$z=2$のときの値を参照すると，0.9772という値が見つかる。この値は，$z=-\infty$から$z=2$までのベルカーブの中の面積である。

いま欲しいのは，$z=2$から$z=\infty$までの面積であるから，ベルカーブのなかの総面積1から0.9772を引けばよい。つまり，洪水発生確率は$1-0.9772=0.0228$となる。（**図3.16**；約2.3%の確率で洪水が起こることを示している）。

（2） $z=-\infty$から$z=0.5$までの面積から，$z=-\infty$から$z=-1$までの面積を引けばよい。$z=-\infty$から$z=0.5$までの面積は，標準正規分布表の$z=0.5$の値0.6915である（**図3.17**）。

$z=-\infty$から$z=-1$までの面積の計算は少し悩ましい。なぜなら，標準正規分布表には通常，$z$が正の値しか掲載されていないからである。しかし，標準正規分布は中央値=平均値=0の左右対称であることを考えると，$z=-\infty$から$z=-1$までの面

---

[†] 図3.14では，確率密度関数を計算して$y$軸の数値を付しているが，理解を助けるための略図であれば，$y$軸の数値は必ずしも必要ではない。

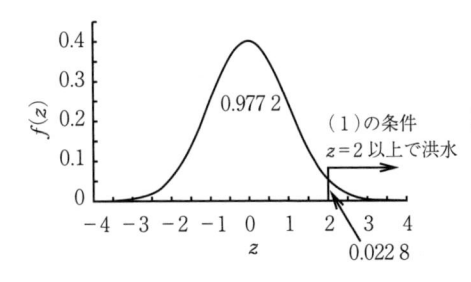

**図 3.16** 洪水発生確率（$z>2$ の領域の面積）　　**図 3.17** $z=-\infty$ から $z=0.5$ までの面積

積は，$z=1$ から $z=\infty$ までの面積に等しいことが直観的に理解できるだろう（**図 3.18**）。この場合，まず $z=-\infty$ から $z=1$ までの面積を標準正規分布表から求めると 0.841 3 となる。つまり，$z=-\infty$ から $z=-1$ までの面積は $1-0.841\,3=0.158\,7$ である（**図 3.19**）。

　　　（$z=-\infty$ から $z=0.5$ までの面積）$-$（$z=-\infty$ から $z=-1$ までの面積）
　　　　　$=0.691\,5-0.158\,7=0.532\,8$　　（**図 3.20**）。

この値が，大雨時の排水量が $60 \sim 90\,\mathrm{m}^3$ の間になる確率となる。

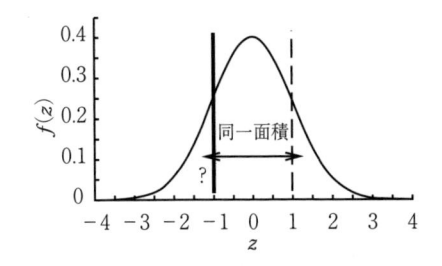

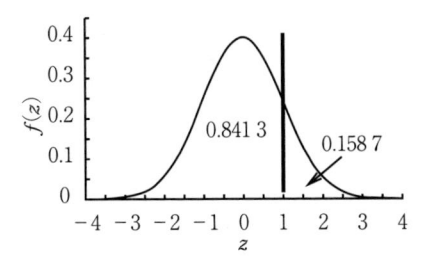

**図 3.18** $z=-\infty$ から $z=-1$ までの面積は，$z=1$ から $z=\infty$ までの面積に等しい

**図 3.19** $z=1$ から $z=\infty$ までの面積を求めて，$z=-\infty$ から $z=-1$ までの面積を知る

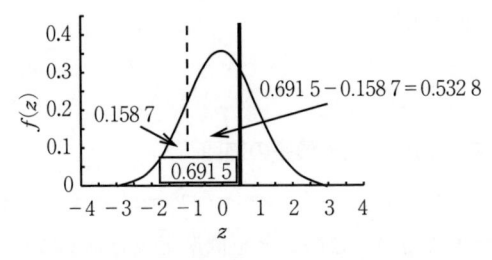

**図 3.20** $z=-1$ から $z=0.5$ までの面積を求める

◇

## 3. 確率と確率分布

【例題 3.6】 国道沿道のある地点で，スピード測定器を用いて車両速度データを記録した。これによると，通過車両の平均速度は 49 km/h，標準偏差は 11 km/h で，おおむね正規分布に従っていた。このとき，以下の設問（1）～（3）に答えよ。

（1） 49 km/h を超えている車は全体の何パーセントか。
（2） 60 km/h を超えている車は全体の何パーセントか。
（3） 30 km/h ～ 50 km/h の車は全体の何パーセントか。

【解答】
（1） 49 km/h は計測されたデータの平均値と等しい。したがって 50%。
（2） 60 km/h に対応する $z$ 値を計算すると

$$z = \frac{60-49}{11} = 1$$

このときの確率 $P$ は，標準正規分布表より 0.841 3。これを超える割合は
$1 - 0.841\,3 = 0.158\,7$
よって 16%。

（3） 30 km/h に対応する $z$ 値を計算すると

$$z = \frac{30-49}{11} = -1.727\,2\cdots ≒ -1.73$$

このときの $P$ は $1 - 0.958\,2 = 0.041\,8$。
50 km/h に対応する $z$ 値を計算すると

$$z = \frac{50-49}{11} = 0.090\,9\cdots ≒ 0.09$$

このときの $P$ は 0.535 9。
$0.535\,9 - 0.041\,8 = 0.494\,1$
よって 49%。 ◇

### 3.5.3 正規分布における標準偏差の範囲

ここで，標準正規分布において，$z = -c$ から $z = c$ までの確率が 0.95 となるときの $c$ の値を求めたい。このことを標準正規分布上に記入すると**図 3.21**のようになる。

## 3.5 正規分布

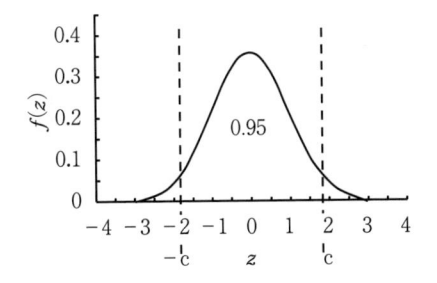

**図 3.21** $z=-c$ から $z=c$ までの面積が 0.95

「0.95」以外の領域，つまり，$z=-\infty$ から $z=-c$ までの面積と，$z=c$ から $z=\infty$ までの二つの面積を足し合わせると，$1-0.95=0.05$ である。つまり，片方の面積は 0.025 となる。

標準正規分布表（下側確率）を使うことを前提にすると，この問題は**図 3.22** のように置き換えることができる。

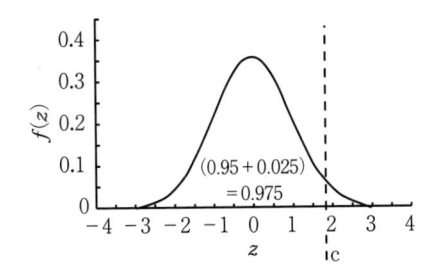

**図 3.22** $z=-\infty$ から $z=c$ までの面積が 0.975

$z$ の値から確率を求めるのではなく，確率から $z$ の値を求めることに十分に注意しつつ，標準正規分布表（下側確率）のなかの確率=0.975 を確認すると，$z=1.96$ であることがわかる。よって，問われている $c$ は 1.96 である。

以上に関連して，標準偏差に関する重要な性質を導くことができる。標準正規分布において，$-1 \leq z \leq 1$，$-2 \leq z \leq 2$，$-3 \leq z \leq 3$ の場合の確率をそれぞれ検討してみると，**図 3.23～3.25** のようになる。

正規分布を標準化すると標準正規分布が容易に得られること，われわれが計測できるデータや誤差はおおむね正規分布していると見てよいということ，そ

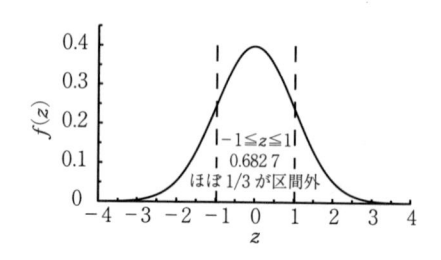

**図 3.23** 標準正規分布における
$-1 \leqq z \leqq 1$ の確率

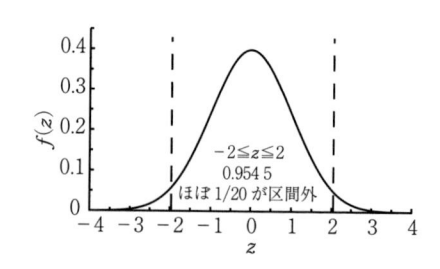

**図 3.24** 標準正規分布における
$-2 \leqq z \leqq 2$ の確率

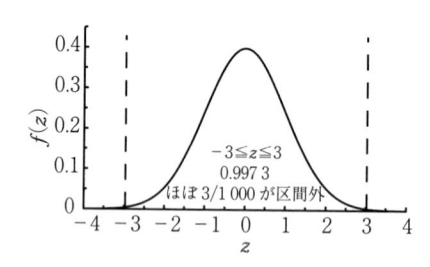

**図 3.25** 標準正規分布における
$-3 \leqq z \leqq 3$ の確率

して，標準正規分布における$z$値は，「平均値$\mu$から標準偏差$\sigma$の何倍離れているか」であることを思い起こすと，これらの図はデータの平均値と標準偏差の一般的な関係を示しているといえそうである．つまり，得られたデータや誤差が正規分布していれば，データの約 0.683（約 68.3%，約 2/3）が平均値$\mu \pm$標準偏差$\sigma$のなかに収まるのである．同様に，データの約 0.955（約 95.5%，約 19/20）が$\mu \pm 2\sigma$のなかに，データの約 0.997（約 99.7%，約 997/1 000）が$\mu \pm 3\sigma$のなかに収まることを，これらの図は示している．

例えば，得られたデータを平均値と比較し，その差があまりにも大きすぎて$\pm 3\sigma$を超えるようであれば，そのデータの背後には何らかの問題がある（恐らく異常値である可能性が高い）と見るべきだろう（詳しくは 6 章で論じる）．単に「標準偏差はばらつきである」という知識を超えて，特定のデータがデータの集合のなかでどのような位置づけにあるのかを読み解くために，本項が示す事実は重要である．

## 3.6 そのほかの主要な確率分布

これまで，二項分布，ポアソン分布，正規分布（その応用としての標準正規分布）を見てきた。これ以外にもさまざまな確率分布が知られているが，それらのなかで基礎的なもの，また土木・交通分野でよく使われるものを以下に挙げる。

### 3.6.1 一 様 分 布

**一様分布**（uniform distribution）は，読んで字のごとく，分布形に山や谷がない確率分布である。例えば，1個のサイコロを振ったときに，1～6までのそれぞれの目が出る確率は，すべて1/6で一様なはずである。つまり，**図3.26**のように表現することができる。

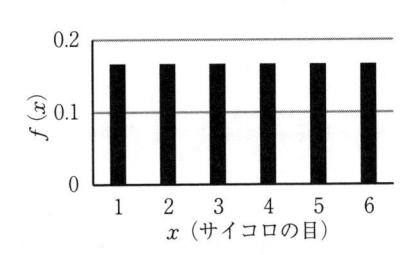

**図3.26** 一様分布の例：サイコロの目

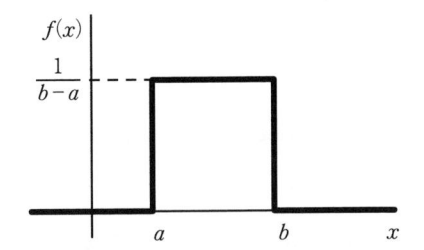

**図3.27** 連続型一様分布

この例は，二項分布やポアソン分布のように**離散型**の一様分布となっている。離散型でなく，確率変数が連続している連続型の一様分布もあり得る（**図3.27**）。確率密度関数を式 (3.8) に示す。

$$f(x) = \begin{cases} \dfrac{1}{b-a} & (a \leq x \leq b \text{の場合}) \\ 0 & (\text{そのほかの場合}) \end{cases} \qquad (3.8)$$

## 3.6.2 幾 何 分 布

二項分布では,ベルヌーイ試行のすべての組合せについて検討し,分布に反映させていた。ここで,最初のトラブルの発生(あるいは事象の成功)で試行を止めてしまう場合を考えると,試行回数を $x$ とするときに,その確率質量関数は

$$f(x) = p(1-p)^{x-1} \quad (x=1, 2, 3, \cdots) \tag{3.9}$$

と表現されるはずである。$x$ が大きくなれば $f(x)$ が幾何級数的に小さくなることから,**幾何分布**(geometric distribution)と呼ばれる(**図3.28**)。

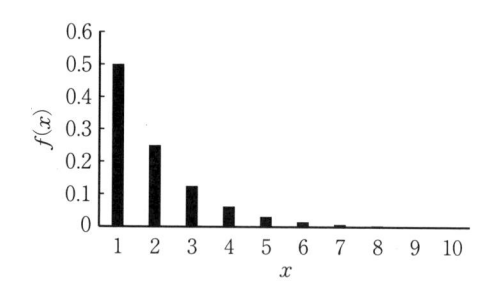

**図3.28** 幾何分布($p=0.5$)

幾何分布は離散型の分布であり,最初の失敗(あるいは成功)までの待ち時間を示していると見ることができる。

## 3.6.3 指 数 分 布

**指数分布**(exponential distibution)の確率密度関数を式(3.10)に示す。得られる分布形は幾何分布と相似しているが,幾何分布が離散型の分布なのに対し,指数分布は連続型確率分布である。耐用年数,つぎの災害(地震など)までの年数など,待ち時間の分布を示すのに使われることが多い。

$$f(x) = \lambda e^{-\lambda x} \quad (x \geq 0), \; f(x) = 0 \quad (x<0) \tag{3.10}$$

一例として,列車の遅延時間の分布を**図3.29**に示す。

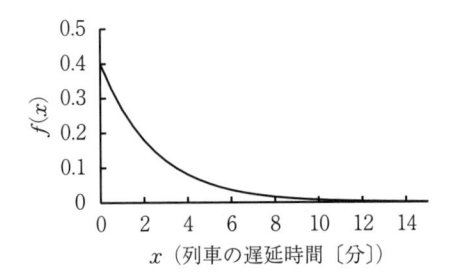

**図 3.29** 列車の遅延時間の分布 ($\lambda = 0.4$)

### 3.6.4 対数正規分布

われわれが計測して得るデータは正規分布とみなしてよいことが多い，ということを 3.4.1 項で述べた。しかし，図 3.3 に示した年間世帯所得を，左右対称な正規分布と見るのは難しい。

所得データの特徴は，どれだけ低所得であっても 0 であり，マイナス値をとらないこと，そして高所得者側は無制限であることである。この場合，データ $X$ の対数（$\log X$）を算出し（具体的には，すべてのデータの対数をとり），分布形を確認してみると，正規分布に従っている場合が多い。この場合，データ $X$ は **対数正規分布**（log-normal distribution）に従っていると表現する。よって，図 3.3 は対数正規分布の一つの例ということになる。

データが対数正規分布に従っている場合，そのデータを代表する平均値としては，算術平均ではなく幾何平均を用いることが望ましい[†]。

対数正規分布の確率密度関数を式（3.11）に示す。

$$f(x) = \frac{1}{\sqrt{2\pi}\sigma x} \exp\left(-\frac{1}{2}\left(\frac{\log_e x - \mu}{\sigma}\right)^2\right) \quad (x > 0) \tag{3.11}$$

所得データのほかに，水銀などの重金属類やダイオキシン類に代表される微量環境汚染物質の環境測定データ（河川水や海水，底泥，生物体内などの濃度）[9]

---

[†] ちなみに，すべてのデータの対数（例えば $\log_e X$）を算出した後，その算術平均（例えば $\mu'$）を算出し，この値を指数変換（$e^{\mu'}$）した値は幾何平均と一致する。

や微生物の計数データ[10]は対数正規分布によくあてはまるといわれている。所得データと同様に，低濃度（しばしば0）のデータが多数，極端に高い高濃度データがわずかに存在する，という分布形になることが多いためである。

## 3.7 確率および確率分布に関する Excel の利用

（1） **二項分布の確率質量関数**　表計算ソフトウェアを使うと容易に二項分布の確率関数を計算することができる。Excelでは，**BINOM.DIST**関数を用いるとよい。ワークシートのセル内で「=BINOM.DIST($x, n, p$, FALSE)」と記述し[†]，Enter（あるいは Return）キーを打鍵するだけで答えが得られる。

（2） **ポアソン分布の確率質量関数**　**POISSON.DIST**関数を用いて計算できる。ワークシートのセル内に「=POISSON.DIST($x, \lambda$, FALSE)」と入力すれば答えが得られる。

（3） **正規分布の確率密度関数**　**NORM.DIST**関数で計算できる。セルに「=NORM.DIST($x, \mu, \sigma$, FALSE)」と記述すれば演算結果が得られる。

図3.5のようなグラフ（ベルカーブ）を得るためには，$x$の数列を適切な範囲と刻み幅で（例えば0〜14までの間で0.1刻みで：つまり，0，0.1，0.2，0.3，…，13.8，13.9，14.0）作成し，この数列を使ってNORM.DIST関数で演算，結果をグラフ化するとよい。

（4） **標準正規分布の確率密度関数**　**NORM.S.DIST**関数を用いる。「=NORM.S.DIST($z$, FALSE)」と記述すれば演算結果が得られる。

以上のExcel関数の括弧内はFALSEで終わっているが，この予約語が入力されていると，Excelは確率質量関数あるいは確率密度関数を出力する。もし，FALSEの代わりにTRUEを入力すると，累積分布関数（$x$値までの累積確率，例えば，正規分布の場合はベルカーブの中の面積）が出力される。使い分けに注意が必要である。

---

[†] $x, n, p$は（このとおりの英小文字ではなく）適宜数字を代入すること。以降のExcel関数についても同様である。

## 演 習 問 題

【1】 建設現場で5台の同型で新品のクレーンをリースすることになった。過去の経験から，いずれのクレーンも2年間無故障で稼働する可能性が80％と見積もられている。異なるクレーンの状態を独立と仮定すると
（1） 2年後に稼働可能なクレーンの数の平均値（期待値）はいくらか。
（2） このとき，5台とも稼働している確率はどの程度か。

【2】 建設現場で5台の同型の新品のパソコンを調達した。この製品の初期不良率は3％である。異なるパソコンの状態を独立と仮定するとき，以下の（1）～（3）の確率をそれぞれ求めよ。
（1） 不良品がない確率
（2） 1台だけ不良品である確率
（3） 少なくとも1台が不良品である確率

【3】 ある1車線の道路の大型車混入率は0.01であった。その道路の調査に行き，200台の車を調べた。ある車が大型車である確率が二項分布に従うものとし，以下の（1）～（4）をそれぞれ求めよ。
（1） 10台の大型車を確認できた確率
（2） 1台も大型車を確認できない確率
（3） 平均何台の大型車を確認できるか
（4） 調査で観測される大型車の台数の標準偏差

【4】 沿岸域に建設されたある長大橋は，100年に一度の確率で発生する風速を設計風速としている。この橋梁が今後10年間で1回だけ，設計風速を経験する確率を求めよ。

【5】 経験的に0.00003の確率で欠陥品が生じることがわかっている舗装用レンガを10000個調達する予定である。このとき，以下の（1）～（3）を求めよ。
（1） 調達予定のレンガには平均何個の欠陥品が含まれるか。その標準偏差とともに求めよ。
（2） 調達予定のすべてのレンガに欠陥品がない確率
（3） 2個の欠陥品が含まれる確率

【6】 高速道路の料金所で，通過する自動車の台数（交通量）を計測している。この料金所では，過去のデータより，平均320台/hの交通量があることがわかっている。この料金所における自動車の通過はポアソン分布に従うものとしたとき，1分間観測した場合にちょうど3台の自動車が通過する確率を求めよ。

【7】同型のコップを多数用意し，都市を流れるある川の岸辺で採水することになった。河川水中にはクリプトスポリジウムという原虫が広く存在しており，河川水を直接摂取した際の下痢等の症状の原因になることがわかっている。1 $l$ の河川水中に含まれるこの原虫の算術平均が2個であり，この値がポアソン分布に従うと仮定されるとき，以下の（1）～（3）に答えよ。
（1）コップ1杯の河川水（ちょうど200 m$l$とする）に1個以上の原虫が含まれる確率
（2）このコップを2個作るときに，どちらにも原虫が含まれない確率
（3）このコップを5個作るときに，5個のうち3個に1個以上の原虫が含まれる確率

【8】建設現場向けに出荷している「10 kg入」と明記された薬品袋がある。この薬品の封入工程が平均10 150 g，標準偏差100 gで管理されている場合，袋の内容物が10 kgを下回る確率はどれだけか。

【9】あなたは土木事業の広報施設の運営を任されることになった。来場者データを解析すると，1日当りの来場者数は平均260人，標準偏差32人であった。来場者全員に95％の確率で粗品（生もので備蓄できず，当日朝の仕入れが必要）を進呈するには，1日当り何個の粗品を用意すればよいか。

【10】間伐材を木質バイオマス資源として有効利用することが各地で試みられている。実施に向けた試行調査として，間伐材を手作業で切り出し，ちょうど5 000本の薪とした。このうち100本をランダムに採取し，長さを計測したところ，平均 $\mu = 25$ cm，標準偏差 $\sigma = 5$ cm であり，その分布は正規分布に従っていた。母集団も正規分布に従うと仮定して，以下の問に答えよ。なお，解答にあたっては付録の標準正規分布表を参照すること。
（1）長さが25 cm以上の薪は，5 000本中に何本あると考えられるか。
（2）長さが30 cm以上の薪は，5 000本中に何本あると考えられるか。
（3）長さが12.5 cm以上32.5 cm以下の薪は，5 000本中に何本あると考えられるか。
（4）小さいほうから数えて150本目の薪の長さは，何cmと考えられるか。

# 4

# 推 定

　交通量調査や旅行速度調査，道路舗装の品質管理などの土木・交通現象に関連する調査，研究を行うとき，母集団の全データを対象にした全数調査（悉皆調査）は，多くの場合において予算的，時間的制約から困難である。そのため，母集団から標本の抽出を行い，手元の標本を分析することにより，母集団の特性を理解する必要がある。このとき，標本として抽出されたデータは母集団のごく一部であるため，標本を分析することにより得られた母集団の特性が，実際の母集団の特性からどの程度乖離しているか明示する必要がある。本章では，母集団の代表的な統計量である平均と分散に加え，母平均の差，母比率，母分散の比の推定方法について説明する。

## 4.1　母集団の統計量の推定

### 4.1.1　母集団と標本

　交通量調査や鉄筋の降伏強度試験などの調査・実験を行う目的は，興味の対象"全体"の集合である**母集団**（population）の**母数**（parameter）を知ることである。母数とは，母集団の統計量を示しており，土木・交通工学においては，多くの場合で平均，分散，比率（例えば，トリップ数の平均値，河川流量の分散，鉄筋強度が基準値以下である比率，測量の計測誤差など）を対象にしている。

　調査対象とする母数の真値を得るには，全数調査が必要である。しかしながら，調査に費やす時間や予算は有限であるため，全数調査の実施は現実的ではない。そこで，母集団から抽出した有限個の集合である**標本**（sample）を用いて，母集団の統計量を**推定**（estimation）する必要がある。しかしながら，標本は母集団のごく一部であるため，標本から得られた統計量が母数から乖離

している可能性は高い。

　例えば，「橋脚に用いられる鉄筋の平均降伏強度を検査したい」とき，建設に用いるすべての鉄筋強度を検査することは現実的に不可能である。そのため，何本かの鉄筋を無作為に抽出して強度検査を行い，"全体"の鉄筋強度を推論することですべての鉄筋が基準を満足しているか判断される。

　ここで重要になるのが，鉄筋はそれぞれ強度が若干ばらついているという事実である。そのため，推定値と母数の間に誤差が生じていることが考えられる。このとき，標本の値が安全基準を上回っていたとしても，誤差を考慮した場合，安全基準を下回る可能性がある。したがって，標本から母数を推定する際には，「推定値と母数にどの程度の誤差が存在すると考えられるか」を明示することが重要である。

　このように，**標本調査**（sample survey）の結果に基づいて母数を推定することを，**統計的推論**（statistical inference）という。

　母集団と標本の関係を**図 4.1**に示す。母集団は無限個の要素からなる集合であり，母平均 $\mu$ や母分散 $\sigma^2$ などの統計量を持っているが，これらの値は未知である。母数を推定するためにサンプルを抽出（データ収集）すると，これが標本となる。標本は，「母集団を構成する全要素も均等に抽出される機会があるように」抽出される。つまり，母集団と標本の大きさをそれぞれ $N$, $n$ とすると，母集団の全要素について，抽出される確率を $n/N$ とする必要がある。これを**ランダムサンプリング**（random sampling）[†]または**無作為抽出**といい，標本にバイアスが生じることを避ける役割があり，信頼性の高い分析結果を得るために重要である。

---

[†] 近年のインターネットの普及により，土木・交通計画系の分野においてモニター型インタビュー調査が多く実施されている。しかし，調査対象はモニターに限定されるため，職業，性別など属性に偏りが生じるほか，価値観や意識面でバイアスが見られることがある[1]。以上をサンプリングバイアスといい，調査結果に誤差を与える要因であるとの指摘もあるため，モニター型インターネット調査は便利であるものの，利用には注意が必要である。

4.1 母集団の統計量の推定　77

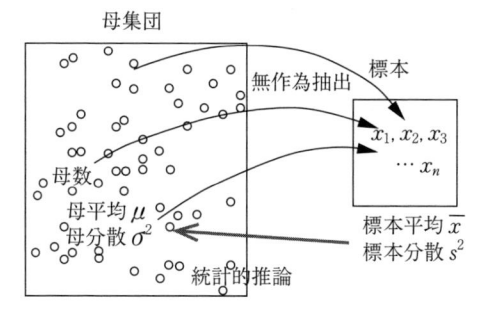

**図 4.1** 母集団と標本

---

コラム

### 推測統計学 vs. ビッグデータ

　ちまたではビッグデータがもてはやされている。街のなか至るところにさまざまなセンサ機器がある。鉄道改札の IC カードリーダ，道路上の交通量感知器，スマートフォンの GPS や加速度センサ，商店街や店舗に設置された CCD カメラ，コンビニエンスストアのレジデータなど多種多様である。これらの機器は，毎分毎秒センシングして膨大なデータを記録していて，ビッグデータといわれている。この膨大なデータを活用すれば，時々刻々と変動するさまざまな現象を詳細に把握することができ，いろいろな使い道があるのではと期待されている。

　しかし，統計学ではすべてのデータを取得する必要はなく，サンプルデータから全体の傾向を推定できるとされている（推測統計学）。ビッグデータは，推測統計学の考え方とは異なり，すべてのデータを扱うものである。どこか矛盾するとは思わないだろうか？

　ビッグデータから全体傾向をつかむだけなら，これまでのサンプルデータを用いた解析と得られる結果はさほど変わらない。そこで，ビッグデータ解析においては，全体傾向ではない何かを見つけ出すことを期待したい。膨大なデータの中にある価値のあるデータはスモールデータと呼ばれることもある。推測統計学で学ぶ統計量の推定とは異なるデータにひそむ小さな特性を見出す研究も，いま重要となっている。

---

### 4.1.2　点推定と区間推定

　母数の推定方法は，**点推定**（point estimation）と**区間推定**（interval estimation）に大別される。以下，両推定方法について説明する。

〔1〕 **点 推 定**　　点推定とは,「推定値を一つの値で表し,その誤差を明示する」推定方法である。推定方法には**モーメント法**（moments method）や**最尤法**（maximum likelihood method）など,さまざまな手法が存在する。比較的簡便であることが理由で,モーメント法による点推定が比較的多く用いられている。

（1）　**モーメント法**　　母数に対応する標本の統計量を**推定量**（estimator）として用いる。例えば,母集団の平均$\mu$を推定したい場合は,点推定量として標本の平均$\bar{x}$を用いるため,$\mu = \bar{x}$となる。点推定における推定量は,不偏性,一致性,有効性の考え方が前提となっており,これらの性質により推定量は妥当と考えられている。

- **不偏性**（unbiasedness）：推定量の期待値が母数に等しいことを表す性質であり,この推定値を**不偏推定量**（unbiased estimator）という。例えば,標本から推定した平均値$\bar{x}$は母数$\mu$の期待値となるため,$\mu = E(\bar{x})$の関係が存在する。
- **一致性**（consistency）：標本の大きさ$n$が大きい極限において,標本平均が母平均に収束する性質である。
- **有効性**（efficiency）：不偏性と一致性を満足する推定量のうち,最小の分散であることを指し,この推定量を**有効推定量**（efficient estimator）という。

モーメント法では,不偏性の考え方に基づき,$\mu = E(\bar{x})$の関係を導くことができる。しかし,$\mu = \bar{x}$は比較的強い仮定であるため,点推定量$\bar{x}$の誤差$\varepsilon$とその発生確率$p$を示す必要がある。

例えば,ある道路橋を通行するトラックの重量を計測する目的で,計量所において数台のトラックの重量を計測したとする。この数台のトラックの平均重量（標本平均）が11.2トンであったとき,モーメント法による点推定では,母平均も11.2トンとされる。しかしながら,標本平均は限られたサンプルであり,母平均とは誤差が存在すると考えられるため,誤差$\varepsilon$を考慮し,母平均は「$11.2 \pm \varepsilon$ トン」として表現される。

## 4.1 母集団の統計量の推定

誤差 $\varepsilon$ とその発生確率 $p$ は，3章で学んだ確率分布の考え方を用いて求める。推定対象とする統計量（平均，分散など）や標本の大きさ（大標本，小標本）により，用いる確率分布の形状は異なる。

**（2）最尤法** 母数を $\theta$ とする確率密度関数 $f(x)$ について，$x_1$, $x_2$, $\cdots$, $x_n$ の標本値が得られた場合を考える。最尤法においては，「標本値 $x_1$, $x_2$, $\cdots$, $x_n$ を得るには，$\theta$ をどのような値にすれば，その確からしさ（尤もらしさ）を最大にすることができるか」ということを考える。つまり，「$x_1$, $x_2$, $\cdots$, $x_n$ の標本値は，パラメータ $\theta$ が $x_1$, $x_2$, $\cdots$, $x_n$ の標本値を得られる可能性が最も高かったため，得られた」という考え方をする方法である。

$x_i$ の確率密度関数の値に比例して，標本値 $x_1$, $x_2$, $\cdots$, $x_n$ が実現する尤もらしさが変化すると考えられるため，次式の関係を得ることができる。

$$L(x_1, x_2, \cdots, x_n ; \theta) = f(x_1 ; \theta)\, f(x_2 ; \theta) \cdots f(x_n ; \theta) \tag{4.1}$$

これは，標本値 $x_1$, $x_2$, $\cdots$, $x_n$ に対する**尤度関数**（likelihood function）と呼ばれる。いま，尤もらしさを最大にしようとしているため，式 (4.1) の尤度関数の左辺を $\theta$ について微分し，その値が 0 になればよい。

$$\frac{d}{d\theta}\{L(x_1, x_2, \cdots, x_n ; \theta)\} = 0 \tag{4.2}$$

このように，尤度関数を最大にするような $\theta$ の値である $\hat{\theta}$ は，**最尤推定量**（maximum likelihood estimator：**MLE**）と定義される。ここで，尤度関数は積であることから，対数をとって最大値を求めるほうが便利である場合が多い。そのため，次式のように対数をとり，**対数尤度関数**（log-likelihood function）により MLE を求める方法がとられる。

$$\frac{d}{d\theta}\{\log L(x_1, x_2, \cdots, x_n ; \theta)\} = 0 \tag{4.3}$$

式 (4.3) は，計算の便宜を図るために得られた式であるため，式 (4.2) と式 (4.3) により得られる MLE は等しい値となる。

**【例題 4.1】** 高速道路の料金所において，車両の到着間隔を調査したところ，以下の6個のデータを得ることができた。

2.3　3.4　1.1　2.0　1.2　4.3秒

この調査に基づき，車両の平均到着間隔を最尤推定量から求めよ。

**【解答】** 料金所における車両の到着間隔は，3章で述べたように，指数分布でモデル化できることが知られている。そのため，この場合の尤度関数は，式 (4.1) より次式のように示される。

$$L(x_1, x_2, \cdots, x_6; \lambda) = \prod_{i=1}^{6} \lambda \exp(-\lambda x_i)$$

したがって，これらのサンプルの尤度関数は以下のように表される。

$$\log L(\lambda) = 6 \log \lambda - \lambda \sum_{i=1}^{6} x_i$$

対数尤度関数は，以下のとおりゼロになる。

$$\frac{\partial \log L(\lambda)}{\partial \lambda} = \frac{6}{\lambda} - \sum_{i=1}^{6} x_i = 0$$

したがって，平均 $1/\lambda$ は以下のように計算することができる。

$$\frac{1}{\lambda} = \frac{\sum_{i=1}^{6} x_i}{6} = \frac{14.3}{6} = 2.38 \text{〔秒〕}$$

◇

**〔2〕区間推定**　区間推定とは，点推定と同様に，統計的推論を経て生じる誤差を考慮して母数を推定するが，推定の対象となる「母数 $\theta$ が，$1-\alpha$ の確率（**信頼係数**, confidence coefficient）で**信頼区間**（confidence interval）内（$\theta_L \leq \theta \leq \theta_U$）に存在することを示す方法」のことである。点推定は母数をある特定の値で表すのに対し，区間推定では，推定したい母数について，誤差を考慮して区間で示すという点で両者は異なる。

ここで，$\theta_L$, $\theta_U$ は，それぞれ**下方信頼限界**（lower confidence limit），**上方信頼限界**（upper confidence limit）といい，**図 4.2** に示すように，確率分布全体の面積のうち，信頼区間 $100(1-\alpha)$ % 内に存在する $\theta$ の両端の値を示している。$\alpha$ は**有意水準**（significance level）といい，分析結果が統計的に有意である確率を表している。統計的に有意とは，通常は発現しない事象であり，母

数 $\theta$ が $\theta_L \leq \theta \leq \theta_U$ 以外の値になる確率のことである。

先ほどの点推定による平均トラック重量の推定においては，推定値は 11.2±$\varepsilon$ であった。例えば，誤差 $\varepsilon$ が 0.3 トンであった場合，区間推定においては，推定値は「10.9～11.5 トン」として表現される。

信頼区間は 95%，99%（有意水準 $\alpha$ では 0.05，0.01）に設定されることが多く，分析対象や目的によって設定される値は異なる。例えば，構造物の耐震性など，安全にかかわる場合は誤差を小さく推定すると耐震基準を外れるなどの可能性があるため，推定区間を大きくするために，99% が採用されることがある。

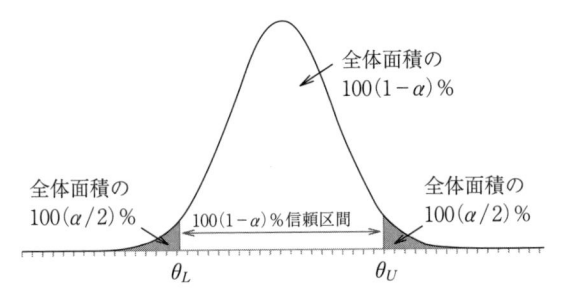

図 4.2 信頼区間のイメージ

## 4.2 標本平均の分布

### 4.2.1 中心極限定理と大数の法則

ある母集団からたがいに独立する，$x_1$, $x_2$, $x_3$, …, $x_n$ の $n$ 個のデータをサンプリングする。この標本平均を $\bar{x}$ とする。図 4.3 のように，「母集団からランダムサンプリングして標本平均を得る」というプロセスを 3 回繰り返すと，3 個の標本セットが得られ，三つの $\bar{x}_1$, $\bar{x}_2$, $\bar{x}_3$ が得られる。

このとき，標本数（標本セットの数）が大きくなるにつれて，$\bar{x}$ は**母集団の分布形にかかわらず**，平均 $\mu$，標準偏差 $\sigma/\sqrt{n}$ の正規分布 $N(\mu, \sigma^2/n)$ に収束する。この性質を**中心極限定理**（central limit theorem）という。中心極限定理の性質により，さまざまなケースで $\bar{x}$ は正規分布に従うという仮定をお

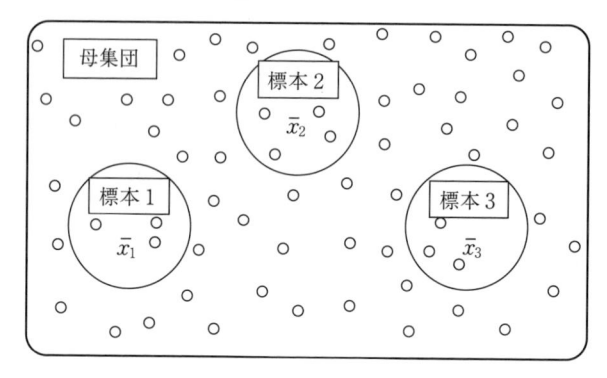

**図 4.3** 標本セットとその標本平均

くことができ，今後述べる「推定」や「仮説検定」が可能となる。

中心極限定理により正規分布に従うのは，$x_1, x_2, x_3, \cdots, x_n$ の個々のデータではなく，$x_1, x_2, x_3, \cdots, x_n$ の平均値である $\bar{x}$ であることに注意されたい。統計的推論では，個々のデータの分布ではなく，個々の標本の分布が興味の対象となる。しかしながら，土木・交通分野に限らず，アンケートや実験は，母集団からのランダムサンプリングを繰り返し行うことは現実的に困難であり，実際に分析者が観測する標本平均 $\bar{x}$ は一つしかない場合が多い。

ただし，観測数が少ないと，標本から得られた統計量は母数から離れて推定される可能性が高くなる。2章で示したデータのばらつきを表す分散の式を式 (4.4) に再掲する。

$$s^2 = \frac{1}{n}\{(x_1-\bar{x})^2 + (x_2-\bar{x})^2 + \cdots + (x_n-\bar{x})^2\} \tag{4.4}$$

分母にサンプルサイズ $n$ があることから，サンプルサイズを大きくするほど（データを集めるほど）分散が小さくなるため，より高い信頼度のもとで，精緻な分析が可能であることがわかる。**図 4.4** にサンプルサイズ別の確率分布を示す。図 4.4 に示すとおり，サンプルサイズが大きいほどばらつきが小さく中央に寄り，サンプルサイズが小さい場合は分布形の裾野が広がることがわかる。このように，サンプルサイズをより多くして推定値を求めると，母数に近づくことを**大数の法則**（law of large numbers）という。

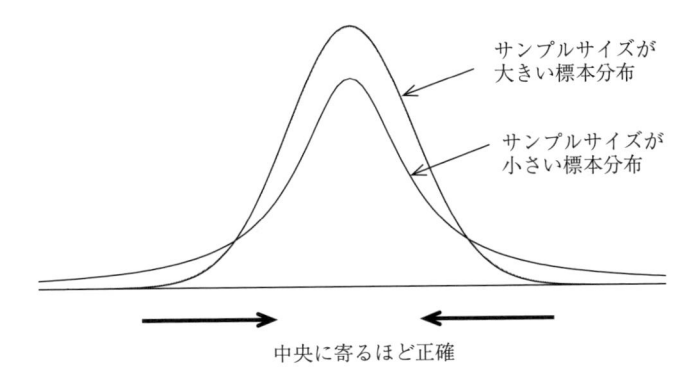

図 4.4 標本の大きさと推定精度

### 4.2.2 標本平均と分散

ランダムサンプリングにより抽出された標本平均の期待値は，不偏性の考え方に基づき，母平均と等しいと考える（式 (4.5)）。そのため，$\bar{x}$ の期待値は $\mu$ の不偏推定量となる。また，標本分散 $\hat{\sigma}^2$ を式 (4.6) に示す。

$$E(\bar{x}) = \mu \tag{4.5}$$

$$\hat{\sigma}^2 = \frac{1}{n-1}\{(x_1-\bar{x})^2 + (x_2-\bar{x})^2 + \cdots + (x_n-\bar{x})^2\} \tag{4.6}$$

ここで，式 (4.6) の標本分散 $\hat{\sigma}^2$ は，$n$ ではなく $n-1$ で除した値であることに注意されたい。つまり，**自由度** (degree of freedom) $df$ を $n-1$ として，分散を算出している。この処置（$df=n-1$）により，標本分散 $\hat{\sigma}^2$ の期待値は母分散 $\sigma^2$ と一致するため，$\hat{\sigma}^2$ は $\sigma^2$ の不偏推定量となり，母分散をバイアスなく推定することができる。このとき，$\hat{\sigma}^2$ は $\sigma^2$ の**不偏分散** (unbiased variance) と呼ばれる。

式 (4.4) の標準偏差の式のように，バイアスを取り除くための自由度補正をすることなく推定された分散 $s^2$ も標本分散に変わりはない。しかしながら，不偏性を満足しておらず，バイアスが取り除かれていないため，不偏推定量とはならない。

したがって，式 (4.4) に示す標本分散 $s^2$ は，$(n-1)/n$ 倍のバイアスが発生している。そのため，標本分散 $s^2$ の期待値 $E(s^2)$ と母分散 $\sigma^2$ との関係は式

(4.7) のようになる。式 (4.7) に示すとおり，標本分散 $s^2$ の期待値 $E(s^2)$ は，サンプル数 $n$ が少ないほど $\sigma^2$ が過小評価される。

$$E(s^2) = \frac{n-1}{n}\sigma^2 \tag{4.7}$$

なお，統計学における自由度の定義は難解であることが知られているが，簡単には，自由度とは「自由に動ける変数の数[2)]」を指している。ここで，偏差の和である式 (4.8) について考えてみる。

$$(x_1 - \overline{x}) + (x_2 - \overline{x}) + \cdots + (x_n - \overline{x}) = 0 \tag{4.8}$$

最後の変数 $x_n$ は $x_{n-1}$ まで確定した後，偏差和をゼロにするため，自動的に決定される。つまり式 (4.8) においては，$x_n$ は「自由に動ける変数ではない」ため，自由度が 1 減少し，$n-1$ となる。

## 4.3　各種推定の方法

推定には，目的に応じたさまざまな種類が存在する。推定の種類と内容を整理したものを**表 4.1**に示す。次節以降，それぞれの推定方法について述べていく。各推定方法の理解とともに，目的に応じた適切な推定方法の選択を行え

**表 4.1**　おもな推定の種類と内容

| 推定の種類 | 推定の内容 | 具体例 |
|---|---|---|
| 母平均の推定<br>(4.4 節) | 一つの母集団の平均を推定 | ・一人当りの平均バス利用回数の推定<br>・鉄筋の降伏値の推定 |
| 母平均の差の推定<br>(4.5 節) | 二つの異なる母集団の平均の差を推定 | ・二つのコンテナターミナルのゲート前待ち時間の差の推定<br>・二つの異なる地域の平均トリップ数の差の推定 |
| 母比率の推定<br>(4.6 節) | 一つの母集団の比率を推定 | ・交差点における右折車両の比率の推定<br>・道路区間全体の舗装の品質が基準を満足している比率の推定 |
| 母分散の推定<br>(4.7 節) | 一つの母集団の分散を推定 | ・降雨時の河川流出量の分散の推定<br>・平均自動車運転時間の分散の推定 |
| 母分散の比の推定<br>(4.8 節) | 二つの異なる母集団の分散の比を推定 | ・異なる測距方法の分散の比の推定<br>（精度の違いの推定） |

るようになることが必要である。

## 4.4 母平均の推定

母平均の推定とは，われわれの興味の対象となる全体の平均値 $\mu$ を，手元のデータから推定することである．例として，「ある型の自動車の燃費を推定したい場合」を考える．同型のすべての自動車を対象として燃費データを収集できれば目的を達成することができるが，全車両を対象としたデータ収集は現実的に不可能である．そのため，数台の自動車を対象として走行実験を行い，燃費データ（標本）を得る．この手元にあるデータから同型の自動車の燃費を推定する．これが母平均の推定の基本的な考え方である．

母平均の推定では，母分散が既知か未知かで用いる分布形が異なる．具体的には，図 4.5 に示すとおり，「母分散が既知の場合」には $z$ 分布を用いて，「未知の場合」には $t$ 分布を用いる．さらに，母分散が未知であったとしても，サンプルサイズが大きく，大標本（おおむね 30 以上）であれば，$z$ 分布を用いて推定を行う．

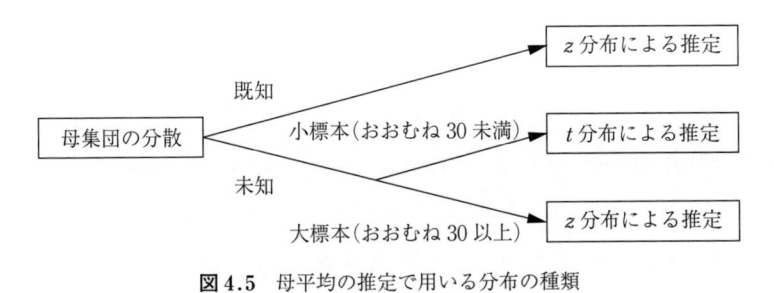

図 4.5 母平均の推定で用いる分布の種類

### 4.4.1 母平均の推定（母分散が既知の場合）

母集団からランダムサンプリングによって得られたサンプルは，中心極限定理により，標本平均 $\bar{x}$，分散 $\sigma^2/n$ の正規分布に従うことを 4.2 節で学習した．標本平均 $\bar{x}$ を**標準化**（standardization）すると

$$z = \frac{\bar{x} - \mu}{\sigma/\sqrt{n}} \tag{4.9}$$

と表される.標準化とは,データを平均0,分散1に変換する操作のことであり,あるデータ $x_i$ を平均で減じ,その値を標準偏差で除すことにより得られる.いま,$z$ は平均0,分散1の正規分布に従う確率変数であり,**標準正規分布** (standard normal distribution) に従っている.標準正規分布は,$N(1,0)$ と表される.

式 (4.9) の $z$ 値は標準正規分布に従っていることから,信頼区間 $1-\alpha$ における $z$ の区間は次式のように表すことができる.

$$P\left(-z_{\alpha/2} \leqq \frac{\bar{x} - \mu}{\sigma/\sqrt{n}} \leqq z_{\alpha/2}\right) = 1 - \alpha \tag{4.10}$$

これを母平均 $\mu$ について整理すると,「母分散 $\sigma^2$ が既知の場合の信頼区間 $1-\alpha$ における母平均 $\mu$」は,次式のように一般化することができる.

$$\mu_{1-\alpha} = \left[\bar{x} - z_{\alpha/2}\frac{\sigma}{\sqrt{n}},\ \bar{x} + z_{\alpha/2}\frac{\sigma}{\sqrt{n}}\right] \tag{4.11}$$

式 (4.11) より,標本平均の信頼区間は平均値 $\bar{x}$ を中心として,前後に標準偏差 $\sigma/\sqrt{n}$ を $z_{\alpha/2}$ 倍した幅を持つ区間とわかる.$z_{\alpha/2}$ は信頼区間の大きさによって決定される値であり,巻末付録の標準正規分布表(付表1)から読みとることが必要である.標準正規分布表の表体中の数値は,標準正規分布の左端からの面積(確率)を表している.

両側信頼区間95%(有意水準5%)における両側信頼限界値は $-z_{0.025}$,$z_{0.025}$ であるため,$0.975 (= 1 - 0.025)$ を表体から探し出し,それに対応する表題部の数値を足すことにより $z$ 値を得る.$z_{0.025}$ の場合,表体中の 0.975 に対応する数値は 1.90 と 0.06 であるため,$z$ 値は 1.96 となる.$-z_{0.025}$ については,中心より左側に位置しており,確率が 0.500 未満となるため,表からは直接読みとることができないが,標準正規分布は左右対称であるため,$-z_{0.025} = -1.96$ であることがわかる(**図 4.6**).

点推定の場合は,4.1.2項で述べたように,不偏性により母集団と標本の平

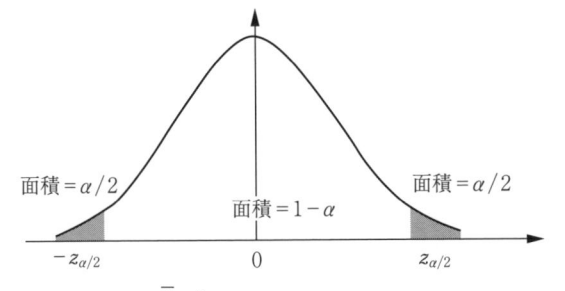

図4.6 $z=\dfrac{\bar{x}-\mu}{\sigma/\sqrt{n}}$ の標準正規分布と両側信頼限界値

均値が一致すると仮定するため，$\mu=\bar{x}$ である．しかし，母平均 $\mu$ の推定量 $\bar{x}$ には誤差が生じていると考えられる．そのため，「母分散 $\sigma^2$ が既知の場合の信頼区間 $1-\alpha$ における母平均 $\mu$ の推定量 $\bar{x}$ の誤差 $\varepsilon$」は，次式により明示する必要がある．

$$\varepsilon_{1-\alpha}=\left[-z_{\alpha/2}\dfrac{\sigma}{\sqrt{n}},\ z_{\alpha/2}\dfrac{\sigma}{\sqrt{n}}\right] \tag{4.12}$$

【例題4.2】 ある大学の学生から無作為に200人を抽出し，1か月当りのバス利用回数を調査した．その結果，標本平均が29.6回/月であった．この調査から，大学生全体の1か月当りの平均バス利用回数を推定したい．大学生全体の1か月当りのバス利用回数に関する母集団の標準偏差が6.25回と既知であるとき，点推定と区間推定により母平均を推定せよ．なお，信頼係数は95%とする．

88    4. 推定

【解答】 点推定の場合,母平均 $\mu$ と標本平均 $\bar{x}$ は同じと仮定するため,$\mu = \bar{x} = 29.6$ 回となる。また,母集団の標準偏差 $\sigma$ が 6.25 回,標本平均 $\bar{x}$ が 29.6 回,サンプル数が 200 で,95%信頼係数($\alpha = 0.05$)の両側信頼限界値は,巻末付録の付表 1 より $-z_{0.025} = -1.96$,$z_{0.025} = 1.96$ であるため,95%信頼係数での誤差は式(4.12)を用いて以下のように求めることができる。

$$\varepsilon_{0.95} = \pm 1.96 \times \frac{6.25}{\sqrt{200}} = 0.87$$

点推定では,母平均は 29.6 回で,95%信頼係数での誤差は $\pm 0.87$ 回と推定される。区間推定の場合は,式(4.11)を用いる。必要なデータを代入すると,次式のようになる。

$$\mu_{0.95} = \left[ 29.6 - 1.96 \times \frac{6.25}{\sqrt{200}},\ 29.6 + 1.96 \times \frac{6.25}{\sqrt{200}} \right]$$
$$= [28.7,\ 30.5]$$

区間推定では,大学生全体の 1 か月当りの平均バス利用回数は,95%信頼係数のもとでは 28.7〜30.5 回の間であると推定された。言い換えれば,母平均は,95%の確率で 28.7〜30.5 回の間に存在する。                                ◇

今回の例題では,95%信頼係数のもとで母平均の推定を行ったが,前述のとおり,99%での推定も実施されることが多い。99%信頼係数のもとで母平均を推定すると,$\pm z_{0.005} = \pm 2.58$ であるため,母平均の区間は以下のように求められる。

$$\mu_{0.99} = \left[ 29.6 - 2.58 \times \frac{6.25}{\sqrt{200}},\ 29.6 + 2.58 \times \frac{6.25}{\sqrt{200}} \right]$$
$$= [28.5,\ 30.7]$$

99%信頼区間の場合,95%信頼区間と比較して 0.4 回程度区間が広がることがわかる。このように,信頼係数を高く(低く)設定すると推定値の区間は広くなり(狭くなり),設定区間に母数が含まれる確率は高くなる(低くなる)。

### 4.4.2 母平均の推定(母分散が未知の場合)

母分散 $\sigma^2$ が未知の場合における母平均の推定方法を考える。土木・交通工学の諸問題にかかわらず,母平均を推定したい場合,母分散は未知であること

## 4.4 母平均の推定

が少なくない。そのため，前項で学んだ「母分散が既知の場合における母平均の推定」よりも利用頻度が高い推定方法といえる。

母分散が不明であるとはいえ，分散の情報が皆無では分布形の形状を確定できないため，母平均の推定ができない。母分散が不明である場合は，一般的に母分散 $\sigma^2$ を標本分散 $s^2$ で代替する処置がとられる。ただし，標本分数 $s^2$ はあくまで母分散 $\sigma^2$ の代替であるため，不偏推定値である不偏分散 $\hat{\sigma}^2$ により代替される。不偏分散 $\hat{\sigma}^2$ は，サンプルサイズ $n$ の標本から式（4.6）を用いて算出できる。式（4.9）の $\sigma$ を $\hat{\sigma}$ で代替すると，式（4.13）となり，この値は**スチューデントの $t$ 統計量**（student's $t$-statistic）と定義される。

$$t = \frac{\bar{x} - \mu}{\hat{\sigma}/\sqrt{n}} \tag{4.13}$$

$t$ 統計量は，自由度 $n-1$ の **$t$ 分布**（$t$ distribution）に従うことが知られており，確率密度関数は以下のように表される。

$$f_T(t) = \frac{\Gamma\left[\dfrac{df+1}{2}\right]}{\sqrt{\pi df}\,\Gamma\left(\dfrac{df}{2}\right)} \left(1 + \frac{t^2}{df}\right)^{-\frac{1}{2}(df+1)} \quad (-\infty < t < \infty) \tag{4.14}$$

$t$ 分布の詳しい説明は本書では避けるが，**図 4.7** に示すとおり，$t$ 分布は正規分布とは異なり，**自由度 $df$ により分布形が異なる**。この性質は，$t$ 分布の確率密度関数（式（4.14））に自由度 $df$ が含まれていることから明らかである。

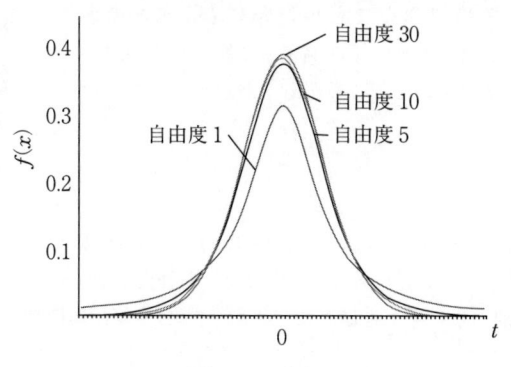

**図 4.7** $t$ 分布

> コラム

## ギネスビールとスチューデントの $t$ 分布

　統計学を少し学んだ人なら誰でも知っているのが $t$ 分布である．この $t$ 分布は，ギネスブックでも有名な英国のビール会社"ギネス"と深い関係がある．ギネス社に勤めていたゴセット（William Sealy Gosset；1876～1937）は，麦芽汁を発酵させるために酵母をどのくらい入れたらよいかを研究していた技術者であった．酵母液の中で増殖を続ける酵母細胞の数を正確に把握したい．しかし，培養液すべてを検査することは不可能であり，なるべく少ない標本（サンプル）数で全体の酵母細胞数を推定したいが，それにはどのくらいの誤差があるかを知りたかったのである．

　誤差は，母集団の母標準偏差 $\sigma$ がわかっていれば，$z=\dfrac{\bar{x}-\mu}{\sigma/\sqrt{n}}$ が標準正規分布 $N(0,1)$ に従うことはわかっていた．しかし，母平均 $\mu$ もわかっていないのに $\sigma$ はわかるはずがない．そこで，母標準偏差 $\sigma$ の代わりに標本標準偏差 $s$ を用いた $t=\dfrac{\bar{x}-\mu}{s/\sqrt{n}}$ の誤差分布を酵母液から採取した標本から丹念に調べ，小標本の場合には正規分布より誤差が大きくなる分布形をしていることを発見した．

　こうして $t$ 分布はゴセットによって発見されたが，ギネス社は会社の機密データが漏れることを嫌っていたため，ゴセットは会社に内密でスチューデント（Student）というペンネームで『平均の確率誤差（The Probable Error of a Mean）』という論文を発表したのである．ゆえに，スチューデントの $t$ 分布と呼ばれている．

　なお，スチューデント自身は，この分布を $t$ 分布と命名していなかったが，没後にフィッシャー（Ronald Aylmer Fisher；1890～1962）が推測統計学の枠組みをまとめた際に $t$ 分布と命名した．Student の頭文字 S が標準偏差 $s$ に使われていたため，そのつぎの $t$ を用いたとの説があるが定かではない．

（参考文献）
- Student：The probable error of a mean, Biometrica, 6（1908）
- デイヴィッド．サルツブルグ著（竹内惠行，熊谷悦生 訳）：統計学を拓いた異才たち— 経験則から科学へ進展した一世紀 —，日本経済新聞社（2010）

## 4.4 母平均の推定

$t$ 分布の形状は,正規分布に類似した左右対称のベル型で,$df$ の値が減少すると分布が広がる。反対に,$df$ が増加するほど分布は狭くなり,正規分布に漸近していく。そのため,$df$ が十分に大きい場合は,$t$ 分布は標準正規分布($z$ 分布)に非常に近い形状となり,**同じ分布として扱うことができる**。

例えば,両側有意水準5%における,$z$ 値とサンプルサイズ $\infty$ のときの $t$ 値 ($z_{0.025}$, $t_{0.025, \infty}$) は1.96であり,同じ値であることを巻末の確率分布表で確認することができる。したがって,サンプルサイズが大きい(大標本)場合,母分散が未知の場合においても,$z$ 分布により母平均の推定を行うことが可能である。なお,「大標本」とは,30サンプル以上とされていることが多い。

以上より,信頼区間 $1-\alpha$ における $t$ 値の区間は,以下のように表すことができる。

$$P\left(-t_{\alpha/2, n-1} \leq \frac{\bar{x}-\mu}{\hat{\sigma}/\sqrt{n}} \leq t_{\alpha/2, n-1}\right) = 1-\alpha \tag{4.15}$$

母平均について整理して,「母分散が未知の場合の信頼区間 $1-\alpha$ における母平均 $\mu$」は次式のように一般化することができる。

$$\mu_{1-\alpha} = \left[\bar{x} - t_{\alpha/2, n-1}\frac{\hat{\sigma}}{\sqrt{n}},\ \bar{x} + t_{\alpha/2, n-1}\frac{\hat{\sigma}}{\sqrt{n}}\right] \tag{4.16}$$

点推定の場合は,4.3.1項の母分散が既知の場合と同様に,不偏性の考え方に基づいて $\mu = \bar{x}$ の仮定をおき,次式により誤差を求める。

$$\varepsilon_{1-\alpha} = \left[-t_{\alpha/2, n-1}\frac{\hat{\sigma}}{\sqrt{n}},\ t_{\alpha/2, n-1}\frac{\hat{\sigma}}{\sqrt{n}}\right] \tag{4.17}$$

図4.8に示すとおり,$-t_{\alpha/2, n-1}$,$t_{\alpha/2, n-1}$ は,それぞれ自由度 $n-1$ の $t$ 分布における,有意水準 $\alpha$ の下方信頼限界値と上方信頼限界値であり,巻末付録の $t$ 分布表(付表3)から読みとる。このとき,$t$ 値は,$z$ 値とは異なり,自由度により $t$ 値が異なるため,注意が必要である。

例えば,有意水準5%で自由度10の場合,両側信頼限界値は $-t_{0.025, 10} = 2.228$,$t_{0.025, 10} = -2.228$($t$ 分布表の $df = 10$,$\alpha = 0.025$ の値)となる。同様に,片側信頼限界(下側)では,$-t_{0.05, 10} = -1.812$($t$ 分布表の $df = 10$,

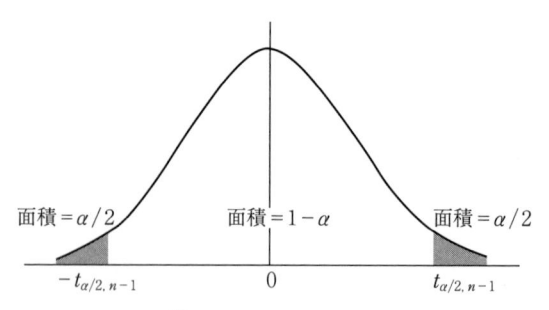

**図 4.8** $t = \dfrac{\overline{x} - \mu}{\hat{\sigma}/\sqrt{n}}$ の確率分布と両側信頼限界値

$\alpha = 0.05$ の値）と読みとる。

　大標本（$n > 30$）の場合，$t$ 分布は標準正規分布に漸近する性質を持っているため，$z$ 分布を代用することができ，式（4.16）を以下のように書き換え，母平均を推定する。

$$\mu_{1-a} = \left[ \overline{x} - z_{\alpha/2} \frac{\hat{\sigma}}{\sqrt{n}},\ \overline{x} + z_{\alpha/2} \frac{\hat{\sigma}}{\sqrt{n}} \right] \tag{4.18}$$

　点推定の場合，式 4.17 の小標本の場合と同様に，$\mu = \overline{x}$ の仮定をおき，以下の式により誤差を求める。

$$\varepsilon_{1-a} = \left[ -z_{\alpha/2} \frac{\hat{\sigma}}{\sqrt{n}},\ z_{\alpha/2} \frac{\hat{\sigma}}{\sqrt{n}} \right] \tag{4.19}$$

---

**【例題 4.3】** ある都市で，運転免許証保有者 10 人を無作為に抽出し，1 か月当りの自動車運転時間を調査した。その結果，標本平均は 15.5 時間，標本標準偏差（不偏標準偏差）は 2.5 時間であった。点推定と区間推定により，ある都市全体の 1 か月当りの平均自動車運転時間を 95% 信頼係数のもとで推定せよ。

---

**【解答】** 点推定の場合，母平均 $\mu$ と標本平均 $\overline{x}$ は同じと仮定するため，$\mu = \overline{x} = 15.5$ となる。不偏標準偏差 $\hat{\sigma}$ が 2.5 時間，サンプルサイズが 10 であるため，$t$ 値は巻末付録の付表 3 より $-t_{0.025, 9} = -2.26$，$t_{0.025, 9} = 2.26$ と読みとれる。小標本のため，

式 (4.17) を用いて 95％信頼係数での誤差を求める。

$$\varepsilon_{0.95} = \pm 2.26 \frac{2.5}{\sqrt{10}} = \pm 1.79$$

点推定の場合、母平均は 15.5 時間で、95％ 信頼係数のもとでの誤差は ±1.79 時間と推定される。区間推定の場合、今回のサンプルサイズは小標本であるため、式 (4.16) を用いて母平均を推定する。

$$\mu_{0.95} = \left[ 15.5 - 2.26 \times \frac{2.5}{\sqrt{10}},\ 15.5 + 2.26 \times \frac{2.5}{\sqrt{10}} \right]$$
$$= [13.7,\ 17.3]$$

区間推定の場合、ある都市全体の 1 か月当りの平均自動車運転時間は、95％信頼係数のもとでは 13.7〜17.3 時間と推定される。　　　　　　　　◇

ここで、サンプルサイズが分析結果に与える影響について考えてみる。例えば、今回の例題において追加調査を実施し、サンプルサイズを 40 まで増やしたとする。その場合、$n=40>30$ で大標本となるため、式 (4.18) により母平均を推定する。$z$ 値は巻末付録の付表 1 より $-z_{0.025} = -1.96$、$z_{0.025} = 1.96$ である。標本平均および不偏標準偏差を一定 ($\bar{x} = 15.5$、$\hat{\sigma} = 2.5$) とすると、区間推定値は以下のようになる。

$$\mu_{0.95} = \left[ 15.5 - 1.96 \times \frac{2.5}{\sqrt{40}},\ 15.5 + 1.96 \times \frac{2.5}{\sqrt{40}} \right]$$
$$= [14.7,\ 16.3]$$

サンプルサイズ 10 の場合の区間推定値が 13.7〜17.3 時間であったのに対し、サンプルサイズ 40 の場合の区間推定値は 14.7〜16.3 時間となった。これにより、サンプルサイズを大きくすることにより、より精緻な推定が可能であることがわかる。これは、誤差 $\varepsilon$ の分母にサンプルサイズ $n$ が含まれていることから明らかである。以上より、サンプルサイズを増加させることがいかに重要であるか理解できる。

### 4.4.3 サンプルサイズの決定

前項において、サンプルサイズが大きいほどより精緻な推定が可能であること（大数の法則）を学んだが、ここまでの問題では、サンプルサイズは所与と

している。しかし，土木・交通工学に関連する実験・調査においては，分析者が自ら実験・調査計画を立て，サンプルサイズを決定する必要がある。これまでに学んだように，サンプルサイズが大きいほど，より精緻な結果が得られるものの，データ収集は予算制約，時間制約など，さまざまな制約下で実施される。そのため，適切なサンプルサイズの検討が必要である。

サンプルサイズの決定方法は，さまざまな考え方が存在するが，「どの程度の信頼性を有した推定結果にしたいか」という考え方が比較的多く用いられる。言い換えれば，誤差を一定の範囲に収めるようサンプルサイズ $n$ を決定する方法である。「母分散が既知の場合における母平均の推定（4.4.1項の内容）」では，式（4.11）より，母平均の $1-\alpha$ 信頼区間の幅の半分が $z_{\alpha/2} \cdot \sigma/\sqrt{n}$ である。この半幅の誤差を $\varepsilon$ とすると，以下の式が得られる。

$$z_{\alpha/2} \frac{\sigma}{\sqrt{n}} = \varepsilon \tag{4.20}$$

これをサンプルサイズ $n$ について整理する。

$$n = \left(\frac{\sigma \cdot z_{\alpha/2}}{\varepsilon}\right)^2 \tag{4.21}$$

得られた式より，誤差 $\varepsilon$ を小さくしようとするほど，サンプルサイズ $n$ を大きくする必要があることがわかる。

「母分散が未知の場合における母平均の推定（4.4.2項の内容）」においては，サンプルサイズが小標本の場合，$z$ 分布の代わりに $t$ 分布を用いる必要があることを述べた。そのため，式（4.16）を用いて，$1-\alpha$ の信頼区間における必要なサンプル数 $n$ を求める。

$$n = \left(\frac{\hat{\sigma} \cdot t_{\alpha/2, n-1}}{\varepsilon}\right)^2 \tag{4.22}$$

前述のとおり，$t_{\alpha/2, n-1}$ は自由度 $df(n-1)$ によって値が変化するサンプルサイズ $n$ の関数である。したがって，$n$ を求めるには繰り返し計算が必要であることに注意されたい。しかし，サンプルサイズが大標本である場合，自由度に依存しない $z$ 分布を用いることができるため，繰り返し計算は不要である。

## 4.4 母平均の推定

【例題 4.4】 ある道路区間の平均速度を推定する目的で，地点速度調査を行う予定である。対象道路区間における平均速度の母標準偏差は 14.2 km/h で既知とする。平均速度を 95％信頼係数のもとで推定し，誤差は ±5 km/h の範囲に収めたいものとして調査計画書を作成したい。標本の大きさを決定せよ。

【解答】 母分散が既知であるため，式 (4.21) を用いる。各値を代入すると，以下のように計算される。

$$n = \left(\frac{14.2 \times 1.96}{5}\right)^2 = 30.98$$

誤差を ±5 km/h に収めたい場合，標本の大きさは 31 以上にする必要があることがわかる。したがって，調査計画書には 31 サンプル以上のデータ収集を記述する必要がある。 ◇

ここで，誤差の範囲をより厳しく設定する場合，必要となるサンプルサイズがどの程度増加するか考える。例えば，平均速度の誤差を ±2.5 km/h の範囲に収めたい場合，必要となるサンプルサイズは式 (4.21) を用いて以下のように計算される。

$$n = \left(\frac{14.2 \times 1.96}{2.5}\right)^2 = 123.9$$

この結果より，誤差を ±2.5 km/h に収めたい場合は，少なくとも 124 サンプルが必要であり，大幅なサンプルサイズの増加が求められることがわかる。また，ここで求めた必要サンプル数はあくまでも必要条件であり，十分条件ではないことに留意されたい。信頼性の高い結果を得るためのデータ収集は，ランダムサンプリングであることや母集団の属性など，考慮すべき要件が多々存

在する．それらの要件を満足すると，分析結果が信頼性の高いものとなる可能性が上昇する．

## 4.5 母平均の差の推定

ここまで，一つの母集団に関する母数（母平均）の推定方法について学習してきた．実際の調査・分析では，複数の地域・場所を対象として同内容の調査を行い，地域間の差を推定することがある．

例えば，パーソントリップ調査は各地域で実施されており，発生集中交通量などの調査結果は各地域において母平均が存在する．このとき，地域間の交通量に関する母平均の差が分析者の興味の対象になる場合がある．この場合，分析の対象は一つの標本だけでなく，二つの標本が対象となる．このような問題を**二標本問題**（two-sample problem）という．

正規分布に従う二つの母集団 $N(\mu_1, \sigma_1^2)$，$N(\mu_2, \sigma_2^2)$ からサンプリングした標本を，それぞれ $x_1, x_2, x_3, \cdots, x_m, y_1, y_2, y_3, \cdots, y_n$ とする．そのときの母平均の差 $\mu_1 - \mu_2$ の区間推定について考える．このとき，標本平均 $\bar{x}$ および $\bar{y}$ にもばらつき（分散）があるため，それらを考慮して推定を行う必要がある．母平均の差の推定では，つぎの三つのパターンについて考えるのが一般的である．図 4.9 に示すとおり，それぞれの場合で推定方法は異なる．

- 母分散 $\sigma_1^2$，$\sigma_2^2$ が既知のとき
- 母分散 $\sigma_1^2$，$\sigma_2^2$ が未知だが等しいとき（$\sigma_1^2 = \sigma_2^2$）
- 母分散 $\sigma_1^2$，$\sigma_2^2$ が未知で等しくないとき（$\sigma_1^2 \neq \sigma_2^2$）

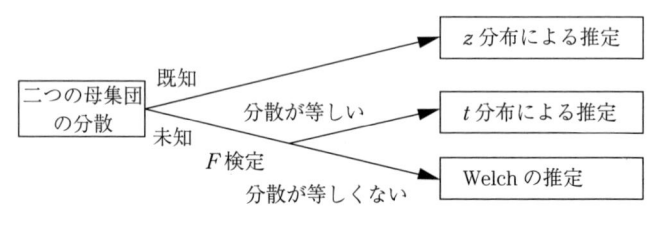

**図 4.9** 母平均の差の推定方法

### 4.5.1 母分散が既知のとき

母分散が既知である場合は，4.2 節で述べたように，標本平均 $\bar{x}$ および $\bar{y}$ は，それぞれ $N(\mu_1, \sigma_1^2/m)$，$N(\mu_2, \sigma_2^2/n)$ の正規分布に従う。正規分布の性質より，$\bar{x}-\bar{y}$ の分布は正規分布 $N(\mu_1-\mu_2, (\sigma_1^2/m)+(\sigma_2^2/n))$ となる。確率分布 $X$, $Y$ が独立のとき，$\bar{x}-\bar{y}$ であっても分散は $\mathrm{Var}(X\pm Y)=\mathrm{Var}(X)+\mathrm{Var}(Y)$ の加法性を有しているためである[3]。この正規分布の $z$ 値を標準化すると次式のようになる。

$$z = \frac{(\bar{x}-\bar{y})-(\mu_1-\mu_2)}{\sqrt{(\sigma_1^2/m)+(\sigma_2^2/n)}} \tag{4.23}$$

以上より，信頼区間 $1-\alpha$ における $z$ 値の区間は以下のように表すことができる。

$$P\left(-z_{\alpha/2} \leq \frac{(\bar{x}-\bar{y})-(\mu_1-\mu_2)}{\sqrt{(\sigma_1^2/m)+(\sigma_2^2/n)}} \leq z_{\alpha/2}\right) = 1-\alpha \tag{4.24}$$

これを母平均の差について整理すると，「母分散が既知の場合の信頼区間 $1-\alpha$ における母平均の差 $\mu_1-\mu_2$」は次式のように一般化することができる。

$$(\mu_1-\mu_2)_{1-\alpha} = \left[(\bar{x}-\bar{y})-z_{\alpha/2}\sqrt{\frac{\sigma_1^2}{m}+\frac{\sigma_2^2}{n}},\ (\bar{x}-\bar{y})+z_{\alpha/2}\sqrt{\frac{\sigma_1^2}{m}+\frac{\sigma_2^2}{n}}\right] \tag{4.25}$$

【例題 4.5】 ある港湾において，二つのコンテナターミナルのゲート前待ち時間を調査した。サンプル数はそれぞれ 40 である。標本平均については，ターミナル 1 が 3.5 時間であり，ターミナル 2 が 1.8 時間であった。母標準偏差は既知であり，ターミナル 1 が 0.7 時間で，ターミナル 2 が 0.4 時間である。このとき，ターミナル間の平均待ち時間の差を 95％信頼係数のもとで推定せよ。

【解答】 式 (4.25) に必要な値を代入すると，次式のように求めることができる．

$$(\mu_1-\mu_2)_{0.95} = \left[(3.5-1.8)-1.96\sqrt{\frac{0.7^2}{40}+\frac{0.4^2}{40}},\ (3.5-1.8)+1.96\sqrt{\frac{0.7^2}{40}+\frac{0.4^2}{40}}\right]$$
$$= [1.45,\ 1.95]$$

以上より，両ターミナル間の平均待ち時間の差は 95% 信頼係数のもとでは，1.45〜1.95 時間となる． ◇

### 4.5.2 母分散が未知だが等しいとき

つぎに，二つの母集団の母分散が未知だが等しい（$\sigma_1^2 = \sigma_2^2$，等分散）場合における母平均の差の推定方法を学習する．この場合は，母分散が未知の場合での母平均の推定方法（4.4.2 項）と同様に，不偏分散を母分散の代わりにする処置をとる．正規分布に従う $x-y$ の不偏分散 $\hat{\sigma}_{x-y}^2$ は，次式に示す**合併した分散**（pooled variance）を用いる．

$$\hat{\sigma}_{x-y}^2 = \frac{\sum_{i=1}^{m}(x_i-\overline{x})^2 + \sum_{i=1}^{n}(y_i-\overline{y})^2}{m+n-2} = \frac{(m-1)\hat{\sigma}_1^2+(n-1)\hat{\sigma}_2^2}{m+n-2} \tag{4.26}$$

このとき，二つの標本の $t$ 検定量は，式 (4.13) にならって次式のように表現される．

$$t = \frac{(\overline{x}-\overline{y})-(\mu_1-\mu_2)}{\hat{\sigma}_{x-y}\sqrt{\frac{1}{m}+\frac{1}{n}}} \tag{4.27}$$

式 (4.27) は自由度 $m+n-2$ の $t$ 分布に従うため，信頼区間 $1-\alpha$ における $t$ 値の区間は次式のように表現される．

$$P\left(-t_{\alpha/2,\,m+n-2} \leq \frac{(\overline{x}-\overline{y})-(\mu_1-\mu_2)}{\hat{\sigma}_{x-y}\sqrt{\frac{1}{m}+\frac{1}{n}}} \leq t_{\alpha/2,\,m+n-2}\right) = 1-\alpha \tag{4.28}$$

$\mu_1-\mu_2$ について整理すると，「母分散が未知だが等しいときの信頼区間 $1-\alpha$ における母平均 $\mu$ の差」は次式のように一般化される．

$$(\mu_1-\mu_2)_{1-\alpha}=\left[(\overline{x}-\overline{y})-t_{\alpha/2,\,m+n-2}\,\hat{\sigma}_{x-y}\sqrt{\frac{1}{m}+\frac{1}{n}},\right.$$

$$\left.(\overline{x}-\overline{y})+t_{\alpha/2,\,m+n-2}\,\hat{\sigma}_{x-y}\sqrt{\frac{1}{m}+\frac{1}{n}}\,\right] \quad (4.29)$$

【例題4.6】 ある市では，市立中学校で交通安全教室を毎年実施している．今回，A中学校の全校生徒を対象に，試験的にスケアードストレート手法[†]を用いた交通安全教室を実施した．一方，B中学校では，全校生徒を対象に従来の交通安全教室を実施した．

交通安全教室終了後，両校とも1クラスのみを対象に交通安全に関する問題を解いてもらい，交通安全教室の効果を把握した．A中学校は31人の平均点が82点（標準偏差15点）で，B中学校は32人の平均点が64点（標準偏差17点）となった．AおよびB中学校全校生徒の傾向として，スケアードストレート手法と従来の交通安全教室による効果の差を推定したい．両校の得点は等分散として，95％信頼係数で両校の母集団での平均得点の差を推定せよ．

---

† 実際に恐怖を体験させ，それにつながる行為を防ぐ教育手法のことである．交通安全分野でたとえると，スタントマンによって交通事故状況を再現し，それを直視させる．それにより，交通安全に対する意識の向上を図る．

【解答】 両校における全校生徒のテスト結果が存在しないため,母分散は未知である。ただし,両校の得点は等分散と仮定しているため,式 (4.29) を用いて母平均の差を推定する。まず,式 (4.26) を用いて合併した分散を算出する。

$$\hat{\sigma}_{x-y}^2 = \frac{(31-1) \times 15^2 + (32-1) \times 17^2}{31+32-2} = 257.52$$

$$\hat{\sigma}_{x-y} = 16.05$$

式 (4.29) に必要な数値を代入して計算すると,以下のとおりになる。

$$(\mu_1 - \mu_2)_{1-\alpha} = \left[ (82-64) - 2.00 \times 16.05 \sqrt{\frac{1}{31} + \frac{1}{32}}, \right.$$
$$\left. (82-64) + 2.00 \times 16.05 \sqrt{\frac{1}{31} + \frac{1}{32}} \right]$$
$$= [9.91, \ 26.09]$$

したがって,95%信頼係数のもとにおいて,両校の平均点の差は 9.91〜26.09 点の間に存在することがわかる。  ◇

なお,本例題では,両校の得点は等分散と仮定して推定を行った。しかしながら,厳密には母分散の比について **F 検定** を実施し,2 群間の分散が等しいか判断する必要がある。母分散の比の $F$ 検定については,次章の仮説検定で詳述する。

### 4.5.3 母分散が未知で等しくないとき

二つの母集団の母分散が等しいと仮定できない場合を考える。分散が未知かつ異なる場合は,土木・交通工学分野に限らず,比較的多く存在する。この場合,式 (4.26) に示した合併した分散を算出することができないため,それぞれの不偏分散を次式のように表す。

$$\hat{\sigma}_1^2 = \frac{1}{m-1} \sum_{i=1}^{m} (x_i - \bar{x})^2, \ \hat{\sigma}_2^2 = \frac{1}{n-1} \sum_{i=1}^{n} (y_i - \bar{y})^2 \tag{4.30}$$

Welch の近似法を用いて,$t$ 値を次式のように表す。

$$t = \frac{(\bar{x} - \bar{y}) - (\mu_1 - \mu_2)}{\sqrt{\frac{\hat{\sigma}_1^2}{m} + \frac{\hat{\sigma}_2^2}{n}}} \tag{4.31}$$

$t$ 値は自由度により値が異なるため，自由度を確定する必要がある．今回の場合，次式に示す $\nu$ に最も近い整数が $t$ 値の自由度となる[2]．

$$\nu = \frac{\left(\dfrac{\hat{\sigma}_1^2}{m} + \dfrac{\hat{\sigma}_2^2}{n}\right)^2}{\dfrac{(\hat{\sigma}_1^2/m)^2}{m-1} + \dfrac{(\hat{\sigma}_2^2/n)^2}{n-1}} \qquad (4.32)$$

以上より，信頼係数 $1-\alpha$ における $t$ 値の区間は次式のように表現される．

$$P\left(-t_{\alpha/2,\nu} \leqq \frac{(\overline{x}-\overline{y})-(\mu_1-\mu_2)}{\sqrt{\dfrac{\hat{\sigma}_1^2}{m}+\dfrac{\hat{\sigma}_2^2}{n}}} \leqq t_{\alpha/2,\nu}\right) = 1-\alpha \qquad (4.33)$$

これを $\mu_1-\mu_2$ について解くと，「母分散が未知で等しくないときの信頼係数 $1-\alpha$ のときの母平均の差 $\mu_1-\mu_2$ 信頼区間」は次式のように一般化される．

$$(\mu_1-\mu_2)_{1-\alpha} = \left[(\overline{x}-\overline{y})-t_{\alpha/2,\nu}\sqrt{\dfrac{\hat{\sigma}_1^2}{m}+\dfrac{\hat{\sigma}_2^2}{n}},\ (\overline{x}-\overline{y})+t_{\alpha/2,\nu}\sqrt{\dfrac{\hat{\sigma}_1^2}{m}+\dfrac{\hat{\sigma}_2^2}{n}}\right] \qquad (4.34)$$

【例題 4.7】 ある建設会社では，新たに開発された鉄筋を採用しようか検討しており，従来から用いている鉄筋と新たな鉄筋について，それぞれ 10 本ずつ抽出して降伏強度を比較することにした．新たな鉄筋の平均降伏強度は 360 N/mm$^2$ で，従来の鉄筋は 295 N/mm$^2$ であった．不偏標準偏差はそれぞれ 12.2 N/mm$^2$，9.1 N/mm$^2$ であった．鉄筋は新たに開発したため，母分散は未知である．95%信頼係数のもとで平均降伏強度の差を推定せよ．

**【解答】** まず，式 (4.32) により $t$ 値の自由度を決定する．

$$\nu = \frac{\left(\dfrac{12.2^2}{10} + \dfrac{9.1^2}{10}\right)^2}{\dfrac{(12.2^2/10)^2}{9} + \dfrac{(9.1^2/10)^2}{9}} = 16.65$$

16.65 に最も近い整数は 17 であるため，$t$ 値を自由度 17 として，式 (4.34) を用いて母平均の差を推定する．

$$(\mu_1 - \mu_2)_{0.95} = \left[ (360 - 295) - 2.11\sqrt{\frac{12.2^2}{10} + \frac{9.1^2}{10}},\ (360 - 295) + 2.11\sqrt{\frac{12.2^2}{10} + \frac{9.1^2}{10}} \right]$$
$$= [54.9,\ 75.2]$$

したがって，両鉄筋の降伏強度の差は95%信頼係数においては，54.9〜75.2 N/mm² である． ◇

## 4.6 母比率の推定

### 4.6.1 推定方法

土木・交通工学においては，ある事象の生起あるいは非生起確率の推定を要求されることが多い．例えば，「ある鉄道路線で1年間に鉄道障害が発生する確率」，「主要交差点における右折車両の比率」などである．また，有名な例として，選挙の出口調査がある．出口調査より得られた得票率により，対象とする選挙区全体における得票率を推定し，選挙の当確判定に用いられている．さらに，テレビの視聴率を推定する適用事例も広く知られている．

「鉄道障害が発生する・しない」，「選挙で投票される・されない」などの事象は3章で学んだ**ベルヌーイ試行**に相当する．1回の試行における事象の発生確率 $p$（標本比率）は，ベルヌーイ試行列と対応した二項分布のパラメータとなる．パラメータ $p$ の**最尤推定量**は，次式で与えられることが知られている．

$$p = \frac{1}{n}\sum_{i=1}^{n} x_i \tag{4.35}$$

この式を展開していくと，$p$ の分散である $\text{var}(p)$ について，次式が得られる。

$$\text{var}(p) = \frac{p(1-p)}{n} \tag{4.36}$$

信頼係数 $1-\alpha$ におけるある事象の標本比率 $p$ の区間は次式のように定式化することができる。このとき，標本比率 $p$ はベルヌーイ試行であるため，サンプルサイズが大きいとき（おおむね $n>30$），正規分布に近似可能である。そのため，標本比率 $p$ の区間は $z$ 分布に従う。

$$P\left(-z_{\alpha/2} \leq \frac{p-p_0}{\sqrt{p(1-p)/n}} \leq z_{\alpha/2}\right) = 1-\alpha \tag{4.37}$$

上式を整理して「信頼区間 $1-\alpha$ における母分散 $p_0$ の区間」は次式のように一般化することができる。

$$(p_0)_{1-\alpha} = \left[p - z_{\alpha/2}\sqrt{\frac{p(1-p)}{n}},\ p + z_{\alpha/2}\sqrt{\frac{p(1-p)}{n}}\right] \tag{4.38}$$

母比率の区間推定に関する式は数多くあり，この式は簡便のためよく用いられている **Wald の式**である。サンプルサイズが小さい場合は，本書では詳説しないが，Agresti and Coull[4] が提案している方法などを用いて推定を行う必要がある。また，よく使われる方法は $z$ 分布の代わりに $F$ 分布を用いる方法であり，次章の仮説検定で説明する。

【例題 4.8】 ある道路区間の舗装の品質管理（quality control, QC）のために，300 個の供試体を用いて締固め実験を行った。そのうち，210 個が CBR 試験[†] の基準を満足していることがわかった。この結果に基づいて，この道路区間全体の舗装が CBR 基準を満足している比率を 95% 信頼係数のもとで推定せよ。

---

[†] California Bearing Ratio の略で，路床の支持力を評価する試験であり，路床土支持力比を求めるものである。米国カリフォルニア州の交通局が開発した。

【解答】 300個の供試体のうち，210個が基準を満足しているため，標本比率 $p$ は 0.7 である。そのほか，必要な数値を式（4.38）に代入すると，以下のように計算できる。

$$(p_0)_{0.95} = \left[0.7 - 1.96\sqrt{\frac{0.7 \times (1-0.7)}{300}},\ 0.7 + 1.96\sqrt{\frac{0.7 \times (1-0.7)}{300}}\right]$$

$$= [0.65,\ 0.75]$$

したがって，この道路区間において，CBR 試験の基準を満足している比率は，95％信頼係数のもとで 65〜75％と推定される。　　◇

### 4.6.2 サンプルサイズの決定

母比率の推定におけるサンプルサイズの決定方法について考える。4.4.3項で学習した母平均の推定でのサンプルサイズ決定の考え方と同様に，式（4.38）の Wald の式を変形して，サンプルサイズを決定する式を導出する。式（4.38）における母分散 $p_0$ の $1-\alpha$ 信頼区間の幅の半分が $z_{\alpha/2}\sqrt{p(1-p)/n}$ である。半幅の誤差を $\varepsilon$ とすると，以下の式が得られる。

$$z_{\alpha/2}\sqrt{\frac{p(1-p)}{n}} = \varepsilon \tag{4.39}$$

サンプル数 $n$ について整理すると，次式のようになる。

$$n = \left(\frac{z_{\alpha/2}\sqrt{p(1-p)}}{\varepsilon}\right)^2 \tag{4.40}$$

誤差 $\varepsilon$ が分母にあるため，誤差を小さくしようとするほど必要なサンプルサイズが多くなることがわかる。

標本比率 $p$ もサンプルサイズの大きさに影響することがわかる。一般的に，サンプルサイズの決定はデータ収集の前に検討すべき事項であるため，この段階で標本比率 $p$ は得られていない。したがって，標本比率 $p$ は誤差が最大となる 0.5 として設定されることが多い。

【例題 4.9】 例題 4.8 において，CBR 基準を満足している比率を 95％信頼係数のもとで推定し，誤差の幅は ±5％ であった。誤差を ±4％ の範囲に収めたい場合，サンプルサイズはいくつにすればよいか。

【解答】 母比率の推定に関するサンプルサイズの決定では，式 (4.40) を用いて求められる。なお，誤差が最大の場合を想定して，標本比率 $p$ は 0.5 として計算する。

$$n = \left( \frac{1.96\sqrt{0.5(1-0.5)}}{0.04} \right)^2 = 600.25$$

したがって，サンプル数は少なくとも 601 以上必要であることがわかる。　◇

## 4.7 母分散の推定

母分散の推定の考え方も基本的にはこれまでと同様である。われわれの興味の対象となる母分散 $\sigma$ を，手元のデータから推定する方法がとられ，「降雨時の河川流出量の分散」や「鉄筋の平均降伏強度の分散」など，基準値を上回ったり下回ったりするリスクのある事象を対象にすることが多い。

母分散の推定では，母平均が既知の場合と未知の場合で推定方法が異なる。具体的には，母平均が既知の場合は，後に示す式 (4.41) の不偏分散の分母を $n$ にすることができる点で異なる。本書では，母分散の推定で一般的に扱われる**母平均が未知の場合**について述べる。

正規分布に従っている（従うと仮定する）母集団から，$x_1, x_2, x_3, \cdots, x_n$ の独立した $n$ 個のサンプルを抽出する。各サンプルを標準化すると，標準正

規確率変数 $Z_1, Z_2, Z_3, \cdots, Z_n$ ($Z_i = (x_i - \mu)/\sigma$) となり，標準正規分布 $N(0, 1)$ に従う確率分布となる。ここで，$Z_i$ の二乗和は $\chi^2$ (Chi-square) と呼ばれ，次式のように表される。

$$\chi^2 = \left(\frac{x_1 - \mu}{\sigma}\right)^2 + \left(\frac{x_2 - \mu}{\sigma}\right)^2 + \left(\frac{x_3 - \mu}{\sigma}\right)^2 + \cdots + \left(\frac{x_n - \mu}{\sigma}\right)^2$$

$$= \sum_{i=1}^{n} \left(\frac{x_i - \mu}{\sigma}\right)^2 \tag{4.41}$$

確率変数 $\chi^2$ が従う確率分布は，自由度 $df$ の **$\chi^2$ 分布** (Chi-square distribution) であり，$\chi^2(df)$ として表現される。読み方は，「カイ二乗」である。**図 4.10** に示すとおり，$\chi^2$ 分布の形状は自由度 $df$ に依存する。

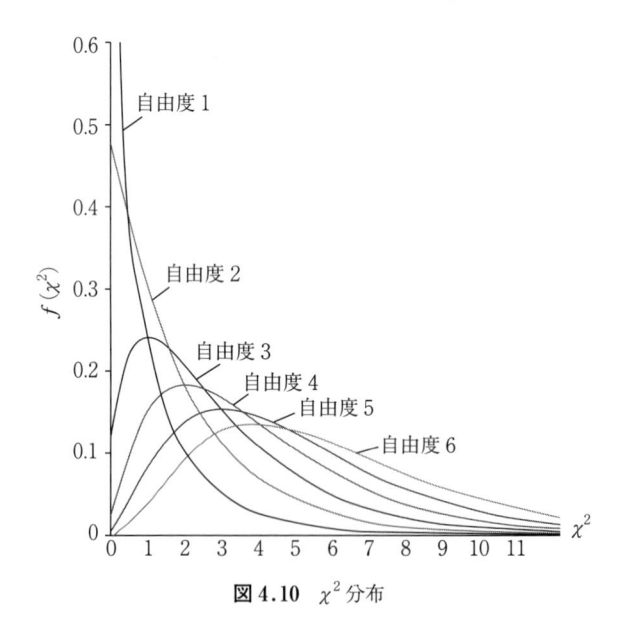

**図 4.10** $\chi^2$ 分布

具体的には，自由度 $df$ が大きくなるほど確率密度関数は右方向に寄り，ロングテールになっていく性質がある。また，$\chi^2$ 値は二乗値であるため，非負である。したがって，$\chi^2$ 分布は $x > 0$ のみとり得る確率分布となる。

ここで，不偏分散を次式のように表すと

4.7 母分散の推定

$$\hat{\sigma}^2 = \frac{1}{n-1} \sum_{i=1}^{n}(x_i - \bar{x})^2 \tag{4.42}$$

となり，上式の不偏分散の期待値 $E(\hat{\sigma}^2)$ について整理すると[5]，$E(\hat{\sigma}^2)$ は次式のように定義することができる。

$$E(\hat{\sigma}^2) = \frac{1}{\sigma^2}(n-1)\hat{\sigma}^2 \tag{4.43}$$

式 (4.42) の $x_i$ と $\bar{x}$ が正規分布に従うのであれば，$(n-1)\hat{\sigma}^2/\sigma^2$ は自由度 $df = n-1$ の $\chi^2$ 分布に従う[5]。式 (4.43) より，信頼区間 $1-\alpha$ における $\chi^2$ 値は次式のように示すことができる。

$$P\left(\chi^2_{1-\alpha/2, n-1} \leq \frac{1}{\sigma^2}(n-1)\hat{\sigma}^2 \leq \chi^2_{\alpha/2, n-1}\right) = 1-\alpha \tag{4.44}$$

これを母分散 $\sigma^2$ について整理すると，「信頼区間 $1-\alpha$ における母分散 $\sigma^2$」は次式のように一般化することができる。

$$\sigma^2_{1-\alpha} = \left[\frac{(n-1)\hat{\sigma}^2}{\chi^2_{\alpha/2, n-1}}, \frac{(n-1)\hat{\sigma}^2}{\chi^2_{1-\alpha/2, n-1}}\right] \tag{4.45}$$

図 4.11 に示すとおり，$\chi^2_{1-\alpha/2, n-1}$，$\chi^2_{\alpha/2, n-1}$ は，それぞれ自由度 $df = n-1$ の $\chi^2$ 分布における有意水準 $\alpha$ の下方信頼限界値と上方信頼限界値を表しており，巻末付録の付表 2 から読みとる。$\chi^2$ 分布は $t$ 分布と同様に，分布形が自由度に依存するため，$\chi^2$ 値を読みとる際には注意が必要である（図 4.10）。

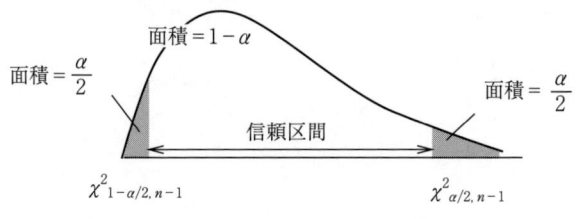

**図 4.11** $\chi^2$ 分布と両側信頼限界値

【例題 4.10】 【例題 4.3】において，ある都市全体の1か月当り平均自動車運転時間の母平均を推定した．1か月当りの自動車運転時間の母分散についても，95% 信頼係数のもとで区間推定せよ．

【解答】 式（4.45）に必要な値を代入すると，以下のように計算することができる．

$$\sigma^2_{0.95} = \left[ \frac{(10-1) \times 2.5^2}{19.0}, \frac{(10-1) \times 2.5^2}{2.70} \right]$$
$$= [3.0,\ 20.8]$$

以上より，ある都市の平均自動車運転時間の分散は，3.0～20.8（母標準偏差は 1.72～4.56 時間）と推定された． ◇

母分散については，特に土木・交通分野において，下限値と上限値のどちらか一方に関心がある場合が多い．例えば，「降雨時の河川流出量」については，洪水リスクを考慮する必要があるため，われわれの関心事項は上側信頼限界である．また，「コンクリートなどの材料強度」については，安全の基準値を下回るリスクを避けるため，下側信頼限界が重要である．

したがって，母分散 $\sigma^2$ の一般推定式である式（4.45）よりも，式（4.46）（下側 $1-\alpha$ の信頼限界）もしくは式（4.47）（上側 $1-\alpha$ の信頼限界）が有用であることが多い．式（4.45）においては $\chi^2$ 値が $\alpha/2$ になっているが，片側信頼区間推定時においては，$\alpha$ となることに注意されたい．

$$\sigma^2_{1-\alpha} = \frac{(n-1)\hat{\sigma}^2}{\chi^2_{1-\alpha, n-1}} \tag{4.46}$$

$$\sigma^2_{1-\alpha} = \frac{(n-1)\hat{\sigma}^2}{\chi^2_{\alpha, n-1}} \tag{4.47}$$

## 4.8 母分散の比の推定

つぎに，2標本間の分散の差異を推定する方法について学習する．分散はばらつきの尺度であるため，2標本間の差異を推定したい場合は，4.5節で学んだ標本間の差 $\bar{x}-\bar{y}$ のように差をとるのではなく，比によって比較するのが適切である．

二つの分散はたがいに独立と仮定した場合，不偏分散 $\hat{\sigma}_1^2$ を $\hat{\sigma}_2^2$ で除した比を**フィッシャーの分散比（$F$値）**といい，$F$ は **$F$分布**に従う確率変数となる（**図4.12**）．

$$F=\frac{\hat{\sigma}_1^2}{\hat{\sigma}_2^2} \tag{4.48}$$

$F$分布の定義から，以下の関係式が得られる．

$$\frac{\dfrac{(m-1)\hat{\sigma}_1^2}{\sigma_1^2}\Big/(m-1)}{\dfrac{(n-1)\hat{\sigma}_2^2}{\sigma_2^2}\Big/(n-1)}=\frac{\sigma_2^2}{\sigma_1^2}\cdot\frac{\hat{\sigma}_1^2}{\hat{\sigma}_2^2} \tag{4.49}$$

右辺 $(\sigma_2^2\hat{\sigma}_1^2)/(\sigma_1^2\hat{\sigma}_2^2)$ は自由度 $(m-1, n-1)$ の $F$ 分布に従うことから，$1-\alpha$ 信頼区間における母分散の比の区間は次式のように示される．

$$P\left(F_{1-\alpha/2,(m-1,n-1)}\leq\frac{\sigma_2^2}{\sigma_1^2}\cdot\frac{\hat{\sigma}_1^2}{\hat{\sigma}_2^2}\leq F_{\alpha/2,(m-1,n-1)}\right)=1-\alpha \tag{4.50}$$

これを母分散の比 $\sigma_2^2/\sigma_1^2$ について整理すると，「信頼区間 $1-\alpha$ における母分散の比」は次式のように一般化することができる．

$$\left.\frac{\sigma_2^2}{\sigma_1^2}\right|_{1-\alpha}=\left[F_{1-\alpha/2,(m-1,n-1)}\frac{\hat{\sigma}_1^2}{\hat{\sigma}_2^2}, F_{\alpha/2,(m-1,n-1)}\frac{\hat{\sigma}_1^2}{\hat{\sigma}_2^2}\right] \tag{4.51}$$

ここで，$F_{1-\alpha/2,(m-1,n-1)}$, $F_{\alpha/2,(m-1,n-1)}$ は，それぞれ自由度 $(m-1, n-1)$ の $F$ 分布の有意水準 $\alpha$ の下方信頼限界値と上方信頼限界値であり，巻末付録の付表4.1〜4.4から読みとる．$F$分布は $t$ 分布や $\chi^2$ 分布と同様に，**自由度に**

よって**分布形が異なる**ため，$F$値を表から読みとるときには注意が必要である。

$F$値（上値）については，巻末付録の付表4.1〜4.4の表の見出しにおける自由度 $m$ と $n$ に対応する表体中の数値である。下側の場合には，$m$ と $n$ の自由度を入れ替えて表体中の数値を読みとり，その逆数が $F$ 値となる。つまり，上側信頼限界が $F_{\alpha/2,(m,n)}$ のとき，下側信頼限界は $F_{1-\alpha/2,(m,n)} = 1/F_{\alpha/2(n,m)}$ となる（**図4.13**）。

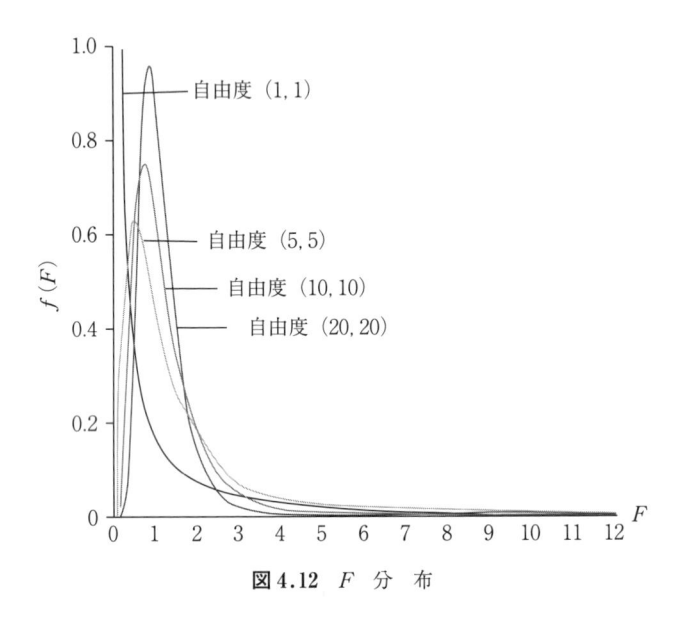

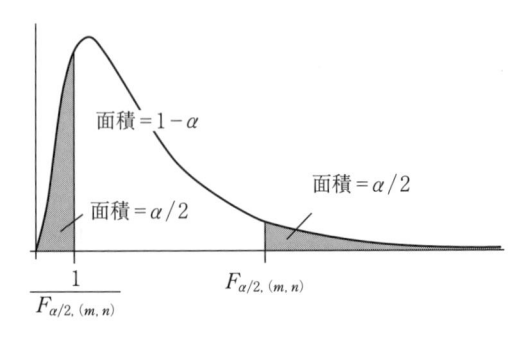

**図4.12** $F$ 分 布

**図4.13** $F$分布と両側信頼限界値

【例題 4.11】 ある地点間の距離を測定するとき（測距），グループ 1 は巻き尺を用いて 9 回計測し，グループ 2 はトータルステーション（TS）を用いて 10 回計測した。グループ 1（巻き尺）とグループ 2（TS）の測定結果の標準偏差は，それぞれ 0.787 m，0.447 m であった。両測定方法による精度の違いを 95％信頼係数のもとで推定し，どちらの測定方法がより高精度（分数が小さく）で測定可能であるか考察せよ。

巻き尺による測距（グループ 1）　　TS による測距（グループ 2）

【解答】 式（4.51）に必要な値を代入すると，以下のように計算することができる。

$$\left.\frac{\sigma_2^2}{\sigma_1^2}\right|_{0.95} = \left[4.357 \times \frac{0.787^2}{0.447^2},\ \frac{1}{4.102} \times \frac{0.787^2}{0.447^2}\right] = [135.1,\ 7.55]$$

$\dfrac{\sigma_2^2}{\sigma_1^2} \leqq 1$ のとき，グループ 2 の分散がグループ 1 よりも小さいと判断されるため，TS は巻き尺よりも高精度で測距可能であることがわかる。　◇

## 演 習 問 題

【1】 ある建設現場において，業者から供給された鉄筋から 10 本を無作為に選び，降伏強度試験を行った。その結果は以下のとおりである。
260, 262, 258, 267, 259, 261, 260, 258, 268, 259（単位：$N/mm^2$）
鉄筋の降伏強度の母平均 $\mu$ を 95％信頼区間で推定せよ。

【2】【1】の問題において，降伏強度の母標準偏差の情報を業者より得ることができ，3 $N/mm^2$ であることがわかった。このときの鉄筋の降伏強度の母平均を 95％信頼区間で推定せよ。

【3】【2】の問題において，誤差を±1.5 N/mm$^2$に収めたい場合，サンプルサイズをいくつ以上として実験を行えばよいか．

【4】2か所の下水処理施設の放流水質を14日間測定し，BODのデータを得た．標本平均濃度は，施設1が4 mg/$l$，施設2が8 mg/$l$である．母標準偏差は施設1が1.5 mg/$l$，施設2が3 mg/$l$である．このとき，施設間のBOD濃度の差を95%信頼係数のもとで推定せよ．

【5】ある幹線道路に平行するバイパス道路を建設した．バイパス供用前後の幹線道路における平均速度の差を推定したい．供用前の10日間調査では，平均速度36 km/hで，標本標準偏差は15 km/hであった．供用後10日間調査では，平均速度52 km/hで，標本標準偏差は10 km/hであった．バイパスは供用を開始したばかりのため母分散は未知であり，供用開始前後の母分散は等しいとはいえないとき，95%信頼係数のもとで幹線道路での平均速度の差を推定せよ．

【6】ある交差点で交通量調査を行ったところ，通過した800台のうち，右折した車両は150台であった．この交差点における右折比率を95%信頼区間で推定せよ．

【7】【6】の問題において，誤差を±2.5%にしたい場合，サンプルサイズをいくつにすればよいか．標本比率$p$は0.5として計算せよ．

【8】大雨が降ると河川流出量が増大し，洪水リスクが高まる．そのため，大雨時における河川流出量の分散の上側信頼限界値を知りたい．過去10年の15度の大雨時における河川流出量の分散が300 m$^3$/sであったとき，河川流出量の上側信頼限界値を95%有意水準で推定せよ．

【9】ピーク時の首都圏の鉄道路線A，Bにそれぞれ10回乗車したところ，区間平均旅行時間は両路線とも20分であった．路線Aは首都圏における混雑鉄道路線で，旅行時間の変動が大きいことで知られている．路線Aの区間旅行時間の標本分散は6.12で，同路線Bは1.45であった．このとき，両路線の区間旅行時間のばらつきの差を95%信頼係数のもとで推定し，路線A，Bのどちらが旅行時間が変動しているか考察せよ．

# 5 仮説検定

本章では，推測統計学において，推定とならんで重要な役割を果たしている仮説検定について，基本的な考え方を述べたのち，母集団や標本の性質に対応したさまざまな方法を説明する。検定については，研究はもとより，実社会におけるさまざまな場面で利用されているので，原理をしっかり理解するとともに，使いこなせるようにすることが重要である。

## 5.1 検定の考え方

検定とは一般に，一定の基準に照らして検査を行い，合格・不合格などを決定することである。統計学で扱う検定も基本的には同じ考え方に基づくが，**母集団**（population）の平均，分散，比率などの特性を表す値（これを**母数**（parameter）という）についての仮説が，**標本**（sample）の観測結果によって支持されるかを調べるというアプローチをとる。すなわち，4章の推定と同様，母集団と標本の関係が重要となってくる。

**図5.1**に，推定と検定の概念を示す。推定では，母数がいくらかを求めることを問題としているのに対して，検定では，母数はある特定の値であると考えてよいかを問題にしているという違いがある[1]。

検定の必要性について考えてみると，例えば，「ある建設現場で使用する鉄筋（**写真5.1**）の引張強度が所定の基準を満足しているか」を確認したい場合，すべての鉄筋を検査することは現実的に不可能である。そこで，全体の中から無作為に何本かの鉄筋を抽出し，この標本平均が基準を満足しているか調べ，その結果をもとに，すべての鉄筋が平均的に基準を満足しているか否かを判断することとなる。

## 114  5. 仮説検定

**推定** 母数の値を，標本の観測結果に基づいて推測

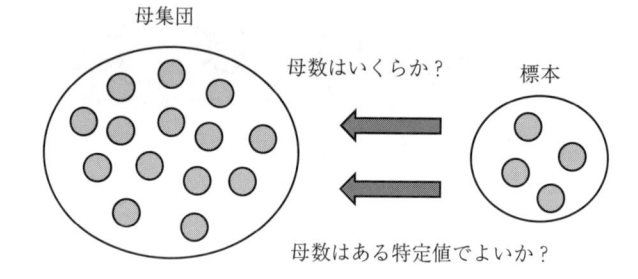

母集団　　　母数はいくらか？　　標本

母数はある特定値でよいか？

**検定** 母数の値についての仮説が，標本の観測結果によって支持されるか（矛盾しないか）を調べる

※母数とは，母集団の平均や分散，比率など母集団の特性を表す値

**図5.1** 推定と検定の概念図

**写真5.1** 建設現場で使用される鉄筋

同様な場面は，「工場で製造している製品の寸法が規格どおりであるか」，「建設材料を改良した結果，強度が向上しているか」，「2地点間の所要時間は以前より短くなっているか」など，数多く存在する。

このような品質の確認や対策の実施による効果の有無などは，何らかの**客観的な基準**がないと，人によって判断が分かれることになるため，本章で説明する仮説検定を用いる必要がある。

## 5.2 検定の手順

### 5.2.1 検定の方法

統計学における検定は，母集団に対する**仮説**（hypothesis）を立てたうえで，**標本**を用いて仮説の**正誤**を判断するという手順で行う。そのため，**仮説検定**（hypothesis test）と呼ばれている。ここでは例として，「あるバス路線の平均所要時間が以前より短くなっているか」という命題の真偽について，標本データを用いて判断するケースを取り上げて，具体的に説明していく（**写真5.2**）。

**写真5.2** BRT（バス高速輸送システム）

【手順1】 検定仮説の設定

まず，「バス路線の所要時間 $\mu$ は以前の時間 $\mu_0$ と変化していない（$\mu = \mu_0$）」という仮説を設定する。本来は，所要時間が短くなっていることを直接証明したいところだが，変化していることを証明するためには，あらかじめその程度を決めておく必要がある。しかし，そもそも変化の程度がわからないので，決めることはできない。そこで，変化しないことを証明する方法をとっている。この仮説のことを**帰無仮説**（null hypothesis）という。

一方，検定ではもう一つ，帰無仮説と対になる仮説がある。これは後述するとおり，帰無仮説の内容が否定された場合のために用意するものである。この仮説を**対立仮説**（alternate hypothesis）といい，本事例の場合，「**バス路線の平均所要時間 $\mu$ は以前の時間 $\mu_0$ より短くなっている（$\mu < \mu_0$）**」となる。

標本を調べた結果，帰無仮説の内容が誤りである場合にはこれを**棄却**（reject）し，対立仮説の内容を**採択**（accept）する。一方，帰無仮説の内容が誤りとはいえない場合，帰無仮説の内容が受容されることになる。ただし，後述するとおり，帰無仮説の内容が正しいと証明されたわけでない。

以上の内容を整理すると，つぎのとおりである。

> 帰無仮説が棄却される　　→　対立仮説の内容を採択
> 帰無仮説が棄却されない　→　帰無仮説の内容を受容

## 【手順2】　検定統計量の計算

つぎに，帰無仮説の内容が正しいとした場合，母集団から抽出した標本（観測データや実験データなど）の平均がどのように分布するかを考える（4章で述べたとおり，これを**標本分布**という）。具体的には，実際に計測したバス路線の所要時間の平均（標本平均）$\bar{x}$の分布を設定する。ただし，観測データのままでは検定がしづらいため，検定のための統計量を用いる。これを**検定統計量**（test statistic）という。標本平均の分布は，4章と同様に，母集団の分散$\sigma^2$が既知であれば$z$分布（標準正規分布）を，未知であれば$t$分布を用いる（検定内容に応じて，$\chi^2$分布や$F$分布を用いることもある）。

仮にバスの所要時間の分散$\sigma^2$が既知である場合，$z$分布上で標本平均$\bar{x}$がとりうる値である$z$値を，式 (5.1) より計算する。

$$z = \frac{\bar{x} - \mu}{\sigma / \sqrt{n}} \tag{5.1}$$

ここで，$n$：標本の大きさである。

この$\bar{x}$が，母平均（＝以前の所要時間の平均）$\mu$の近くに位置している場合，帰無仮説のとおり，所要時間は変化していない可能性が高く，一方で離れて位置している場合，所要時間が短くなっている可能性が高い（**図 5.2**）。ここで問題となるのは，どの程度の距離であれば変化の有無を判断できるかであり，客観的な基準が必要である。

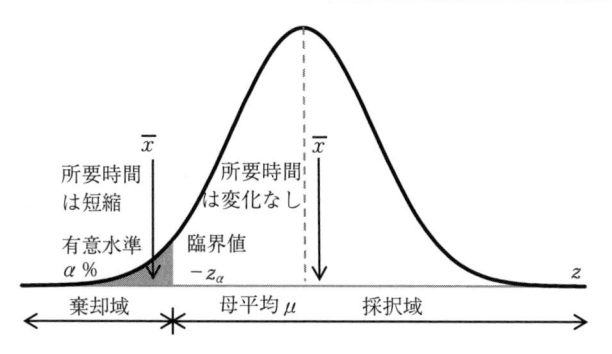

**図 5.2** 標本平均 $\bar{x}$ の分布（$z$ 分布，片側（下側）検定の場合）

検定では，帰無仮説の正誤について**臨界値**（critical value）という境界を設けている。そして，帰無仮説の内容が正しい場合の領域を**採択域**（acceptance region）といい，誤っている領域を**棄却域**（rejection region）という。

【手順 3】 臨界値の設定

臨界値は，分布形と**有意水準**（level of significance）から決まる。有意水準とは，「帰無仮説の内容がまれかどうか」の判断基準であり，本事例の場合，バス路線の所要時間が短くなっているという確率になる。一般に有意水準は $\alpha$ で表記し，自由に設定できるが，5%や1%が用いられることが多い。

【手順 4】 判 定

【手順 2】で計算した検定統計量 $z$ 値が棄却域に入った場合，まれにしか起きないことが起きたことから，**帰無仮説そのものが誤っていた**と判断して帰無仮説を棄却し，対立仮説の内容を採択する。すなわち，「**バス路線の所要時間は短くなっている**」と結論づけられる。

一方，$z$ 値が採択域に入った場合，**帰無仮説の内容が誤っているとはいえない**，すなわち，「**バス路線の平均所要時間は短くなっているとはいえない**」と結論づけられる（二重否定であり，肯定ではない点に注意が必要である）。

以上の流れを整理したのが，**図 5.3** である。

## 118　5. 仮 説 検 定

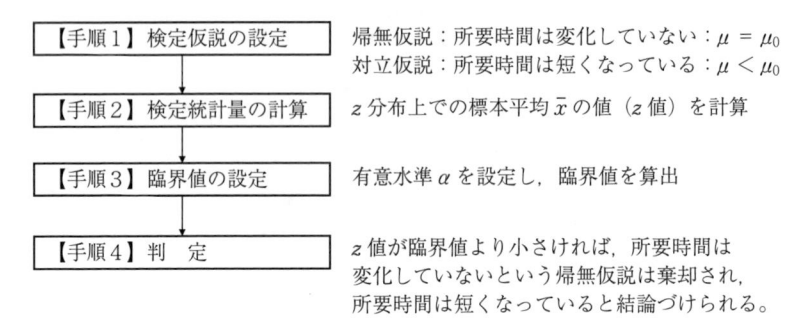

```
【手順1】検定仮説の設定    帰無仮説：所要時間は変化していない：$\mu = \mu_0$
                          対立仮説：所要時間は短くなっている：$\mu < \mu_0$

【手順2】検定統計量の計算   $z$分布上での標本平均$\bar{x}$の値（$z$値）を計算

【手順3】臨界値の設定      有意水準$\alpha$を設定し，臨界値を算出

【手順4】判　　　定       $z$値が臨界値より小さければ，所要時間は
                          変化していないという帰無仮説は棄却され，
                          所要時間は短くなっていると結論づけられる。
```

**図5.3**　検定の手順（$z$検定の場合）

このように検定の方法は，証明したい仮説（対立仮説）と相反する仮説（帰無仮説）を設定したうえで，それを棄却することで，本来証明したい仮説を採択するというアプローチをとっており，これは**背理法**の考え方に基づくものである。したがって，あくまで棄却されることが中心であって，仮説が棄却されなかったといって，積極的に支持されたわけではなく，結果が帰無仮説と矛盾はしないことが確認されただけである。すなわち，仮説が真であることを積極的に証明したわけではない点に注意が必要である。

### 5.2.2　検定の誤り —第1種の誤り・第2種の誤り—

これまで述べてきたように，検定では有意水準を設定して帰無仮説の正誤の判断を行っているため（図5.2参照），仮に検定の結論として帰無仮説が正しい場合でも，一定の確率でこれを棄却してしまう可能性がある（もちろん，その逆もあり得る）。これを**誤り**（error）といい，**表5.1**の2種類の誤りが存在する。

**表5.1**　検定の結論と2種類の誤り

| | | 真実（母集団の状態） | |
|---|---|---|---|
| | | 帰無仮説が正しい | 帰無仮説が誤り |
| 検定の結論 | 帰無仮説を棄却しない | 正しい判定 | 第2種の誤り |
| | 帰無仮説を棄却する | 第1種の誤り | 正しい判定 |

一つは,「帰無仮説が正しいにもかかわらず帰無仮説を棄却してしまう誤り」であり,**第1種の誤り**(error of the first kind)と呼ばれている。先の例では,バスの所要時間が変化していないにもかかわらず,短縮していると判断してしまう確率である。その確率は有意水準と同じであり,$\alpha$で表す。

もう一つは,「帰無仮説が誤っているにもかかわらず受容してしまう(棄却しない)誤り」であり,**第2種の誤り**(error of the second kind)と呼ばれており,その確率は$\beta$で表す。先の例では,バスの所要時間が短縮しているにもかかわらず,変化していないと判断してしまう確率である。

ここで,$\alpha$と$\beta$の関係を**図5.4**に示す。両者の大きさは棄却域のとり方によって変化し,棄却域の範囲を狭くすれば$\alpha$は小さくなるが,$\beta$は大きくなる。一方で,範囲を広くすれば$\beta$は小さくなるが,$\alpha$は大きくなる。このように標本の大きさが一定のもとでは,$\alpha$と$\beta$を同時に小さくすることはできない。そのため検定では,$\alpha$を固定したうえで,$\beta$を小さくすることを考える。なお,$\beta$の補数$(1-\beta)$,すなわち,帰無仮説が誤っているときに正しく棄却できる確率を**検出力**(power of test)という。

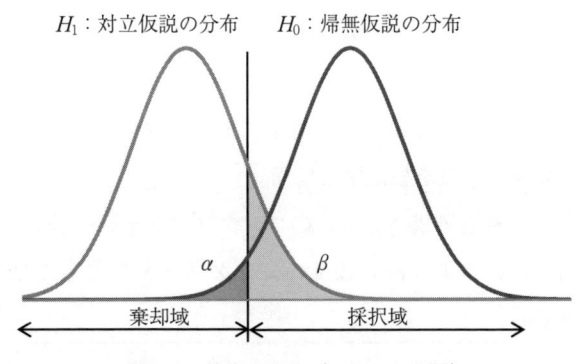

**図 5.4** 検定の誤り($\alpha$と$\beta$の関係)

### 5.2.3 両側検定・片側検定

検定には,棄却域を分布の両側に設定する**両側検定**(two-tailed test)と,片側に設定する**片側検定**(one-tailed test)の2種類があり,さらに片側検定

は上側と下側の二つに区分される。両側検定と片側検定をどのように使い分けるかについては，**表5.2**に整理したとおりである。なお，同じ有意水準の場合，片側検定のほうが棄却域が広くなる。すなわち，帰無仮説を棄却しやすくなるため，適用にあたっては注意が必要である。

**表5.2** 両側検定と片側検定の違い[2]

| 両側検定 $\mu \neq \mu_0$ | 片側検定 $\mu > \mu_0$（上側），もしくは $\mu < \mu_0$（下側） |
|---|---|
| 母数の値（母集団の平均や比率など）が，ある目標値と等しいかどうかを調べる場合などに用いる。例：ある工場で製造している部品の寸法の目標値 | 母数の値の大きさが理論的あるいは経験的に予測される場合に用いる。例：ある材料の改良効果を測定（知りたいのは強度が異なっていることだけでなく，改良後の強度が向上したかどうかであり，改良に効果があれば強度が向上しているはずである） |

注）$\mu_0$ は検定仮説の値を一般的に表現する場合に用いるものである。

---

【例題5.1】 つぎのケースについて，両側検定か片側検定か判断し，帰無仮説，対立仮説を答えよ。

(1) ある工場で直径1 cmの部品を製造しており，この規格が守られるように品質管理を行う場面。

(2) ある自動車メーカーが開発した乗用車の燃費について，30 km/$l$走行可能としている。10台を対象に走行試験を行った結果をもとに，メーカーの主張を検証する場面。

(3) 従来，圧縮強度25 N/mm$^2$のコンクリートを製造している会社が，今回新たに，より高い強度のコンクリートを製造したことを検証する場面。

---

【解答】
(1) **両側検定**
　　帰無仮説：直径1 cmの部品を製造している（$\mu = 1$）。
　　対立仮説：直径1 cmの部品を製造していない（$\mu \neq 1$）。
(2) **片側検定（下側）**（30 km/$l$より低い値となっていないかということが関心

事項のため)
　　帰無仮説：燃費は 30 km/$l$ である ($\mu=30$)。
　　対立仮説：燃費は 30 km/$l$ 未満である ($\mu<30$)。
(3) **片側検定(上側)** (25 N/mm$^2$ より高い値となっていないかということが関心事項のため)。
　　帰無仮説：圧縮強度は 25 N/mm$^2$ である ($\mu=25$)。
　　対立仮説：圧縮強度は 25 N/mm$^2$ より高い ($\mu>25$)。　　　　◇

## 5.3　各種検定の方法

　検定の対象となるデータには，**量的データ**と**質的データ**があり，それぞれに対応した検定方法が用意されている(データの種類については，2.1節を参照のこと)。量的データの検定には，母平均の検定，母比率の検定，母平均の差

**表5.3** おもな検定の種類と内容

| データの種類 | 検定の種類 | 検定の内容 | 具体例 |
|---|---|---|---|
| 量的データ | 母平均の検定 (5.3.1項) | 母集団の平均と標本の平均の差を検定 | ・製造中の部品の寸法が規格どおりであるか。<br>・従来と比較して材料の性能は向上しているか。 |
| | 母比率の検定 (5.3.2項) | 母集団の比率と標本の比率の差を検定 | ・施策への賛成は過半数を超えているといえるか。<br>・製品の不良品率は目標値以下であるか。 |
| | 母平均の差の検定 (5.3.3項) | 二つの異なる母集団の平均の差を検定 | ・二つのメーカーの製品間で性能に差があるか。<br>・渋滞対策の実施前後で所要時間に差があるか。 |
| 質的データ | 適合度検定 (5.3.4項) | 観測度数が理論分布や目安となる度数(期待度数)に一致するかを検定 | ・観測データの分布が正規分布に従っているか。<br>・独自のアンケート調査の属性比率が母集団の属性比率と同じであるか。 |
| | 独立性検定 (5.3.5項) | クロス集計表の表側(列)と表頭(行)の項目が関連するかを検定 | ・年齢階層と利用交通手段との間に関係があるか。<br>・マンションの耐震改修と中古販売価格との間に関係があるか。 |

注)上記以外にも，母比率の差の検定，母分散の検定などがある。

の検定などが，質的データの検定には，適合度検定，独立性検定などがある。これらのおもな検定の方法と内容を整理したものを**表5.3**に示す。

### 5.3.1 母平均の検定

母平均の検定は，母集団の平均と標本の平均の差を検定するものである。この方法は，母集団の分布が**正規分布**であることを前提としているが，4.2.1項で説明した**大数の法則**および**中心極限定理**より，標本の大きさ（$n$）が大きい場合には，**正規分布以外の分布**にも適用することができる。

母平均の検定の手順はつぎのとおりである。

（1）**検定仮説の設定**

帰無仮説：$H_0$： $\mu = \mu_0$

対立仮説：$H_1$： $\mu \neq \mu_0$（両側検定の場合）

$\mu > \mu_0$（片側検定（上側）の場合）

$\mu < \mu_0$（片側検定（下側）の場合）

なお，$H$ は hypothesis（仮説）の意味であり，一般に帰無仮説は $H_0$，対立仮説を $H_1$ で表すことが多い。

（2）**検定統計量の計算** 5.2.1項で述べたとおり，観測データや実験データのままでは検定しづらいため，検定のための統計量を計算する。具体的には，$z$ 分布，$t$ 分布などを用いる。

$z$ 分布の場合　　$z = \dfrac{\bar{x} - \mu}{\sigma / \sqrt{n}}$　　　　　　　　　　　　　　　　(5.2)

$t$ 分布の場合　　$t = \dfrac{\bar{x} - \mu}{\hat{\sigma} / \sqrt{n}}$　　　　　　　　　　　　　　　　(5.3)

ここで，$\sigma$ は母集団の標準偏差，$\hat{\sigma}$ は不偏標準偏差[†]である。$z$ 分布と $t$ 分布のどちらを用いるかは，母集団の分散の情報があるか否かと標本の大きさに

---

† 母集団の標準偏差の不偏推定量であり，書籍によっては標本標準偏差と呼称している場合もあるが，標本標準偏差は標本データの標準偏差であることから（母数の推定量ではない），両者を区分して扱っている。

## 5.3 各種検定の方法

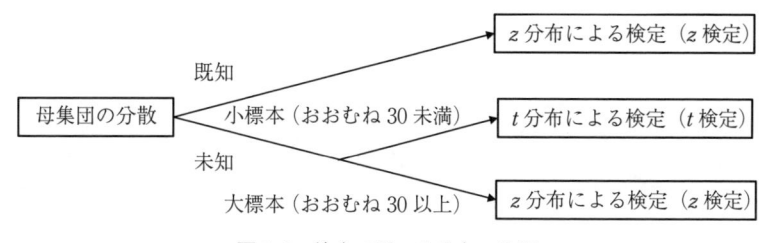

```
                      既知
                     ┌────── z分布による検定（z検定）
    ┌─────────┐      │
    │母集団の分│ 小標本（おおむね30未満）
    │散       │──────── t分布による検定（t検定）
    └─────────┘      │
                     未知
                     │
                     大標本（おおむね30以上）
                     └────── z分布による検定（z検定）
```

**図5.5** 検定で用いる分布の分類

よって決まる。具体的には**図5.5**のとおりである。

ここで，z分布を用いる場合，母分散 $\sigma^2$ が既知である必要があるが，一般に母平均 $\mu$ が未知であるのに母分散 $\sigma^2$ だけが既知という状況は想定しにくい。その場合，4.2.2項で説明した不偏分散 $\hat{\sigma}^2$ を用いる t 分布によって検定を行う。

（3）**臨界値の設定**　臨界値については，有意水準 $\alpha = 5\%$ の場合，**表5.4**のとおりになる。

**表5.4** 臨界値の設定

| 分布 | 両側検定 | 片側検定（上側） | 片側検定（下側） |
|---|---|---|---|
| z分布 | $z_{\alpha/2} = 1.96$, $-z_{\alpha/2} = -1.96$ （付録の付表1, 標準正規分布表で $p=0.975$ のときの z 値） | $z_\alpha = 1.645$ （$p=0.95$ のときの z 値） | $-z_\alpha = -1.645$ |
| t分布 | $t_{\alpha/2, 10} = 2.228$, $-t_{\alpha/2, 10} = -2.228$ （付録の付表3, t 分布表の $df = 10$, $p=0.025$ の t 値） | $t_{\alpha, 10} = 1.812$ （$df=10$, $p=0.05$ の値） | $-t_{\alpha, 10} = -1.812$ （$df=10$, $p=0.05$ の値） |

（4）**判　定**　z分布で両側検定の場合，(2)項で求めた検定統計量と(3)項で求めた臨界値とを比較し，$z > z_{\alpha/2}$ もしくは $z < -z_{\alpha/2}$ となると，帰無仮説は棄却される。片側検定（上側）の場合は $z > z_\alpha$，片側検定（下側）の場合は $z < -z_\alpha$ となると帰無仮説は棄却される（**図5.6**）。なお，t 分布の場合も基本的に同様である。

## 5. 仮説検定

|  | 両側検定 | 片側検定（上側） | 片側検定（下側） |
|---|---|---|---|
| 帰無仮説 | $\mu = \mu_0$ | $\mu = \mu_0$ | $\mu = \mu_0$ |
| 対立仮説 | $\mu \neq \mu_0$ | $\mu > \mu_0$ | $\mu < \mu_0$ |

棄却域
採択域

　　　$-z_{\alpha/2}$　　$z_{\alpha/2}$　　　　　　　$z_\alpha$　　　　　　$-z_\alpha$

棄却域←採択域→棄却域　　←採択域→棄却域　　棄却域←採択域→

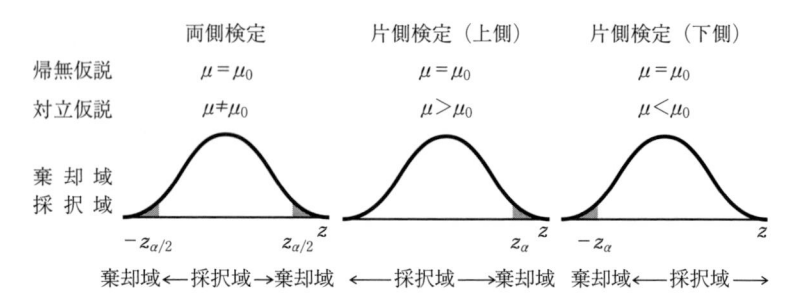

**図 5.6** 両側検定・片側検定の場合の棄却域・採択域（$z$ 分布の場合）

---

**【例題 5.2】** あるメーカーの工場では，直径がちょうど 5 cm の製品を製造している。この工場の製品の精度は，これまで標準偏差 0.016 cm である。今回，16 個の標本を抽出したところ，平均が 5.02 cm であった。製造を継続してもよいか，有意水準 5％で検定せよ。

**【解答】**

1) **検定仮説の設定**

　母集団の平均が，目標値（5 cm）と等しいか（長短のずれがないか）を調べることから，両側検定となる。帰無仮説と対立仮説はつぎのとおりである。

　　帰無仮説：$H_0 : \mu = 5$　（5 cm の製品を製造している）
　　対立仮説：$H_1 : \mu \neq 5$　（5 cm の製品を製造していない）

2) **検定統計量の計算**

　母分散は既知であることから $z$ 分布を用いる。$\bar{x} = 5.02$，$\sigma = 0.016$ であるので，$z$ 値は次式より求められる。

$$z = \frac{\bar{x} - \mu}{\sigma/\sqrt{n}} = \frac{5.02 - 5}{0.016/\sqrt{16}} = 5$$

3) **臨界値の設定**

　有意水準 5％で両側検定の場合の臨界値は，$z_{0.025} = 1.96$，$-z_{0.025} = -1.96$ となり，棄却域は $z > z_{0.025}$ と $z < -z_{0.025}$ である。

4) **判定**

　図 5.7 のとおり，$z > z_{0.025}$（5 > 1.96）であり，帰無仮説は棄却される。すなわち，5 cm の部品を製造できていないといえる（ラインを止めて原因を究明する必要がある）。

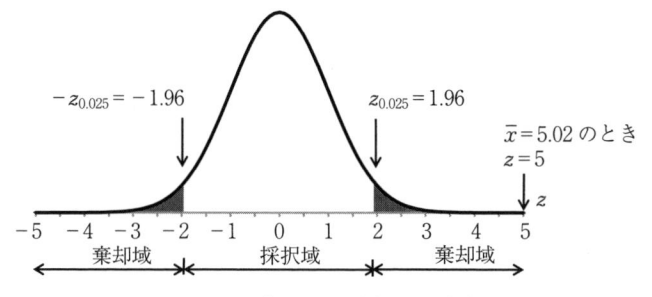

図 5.7　z 分布における採択域と棄却域

【例題 5.3】　あるコンクリート製造工場では最近，混和剤（コンクリートの流動性などの改善や強度・耐久性の向上などを目的とした薬剤）の種類を変更した。これによりコンクリートの圧縮強度が向上したかどうかを調べるため，強度試験を 9 回実施したところ，つぎのような結果を得た（単位：$N/mm^2$）。

　　28.1　26.9　28.3　26.3　28.0　27.1　28.2　26.7　28.4

従来の圧縮強度は，平均 $26.7\,N/mm^2$ であった。混和剤の変更によって圧縮強度の母平均が変化したか，有意水準 5% で検定せよ。

【解答】
1）**検定仮説の設定**

母集団の平均が，$26.7\,N/mm^2$ より高いかを調べることから，片側検定（上側）となる。帰無仮説と対立仮説はつぎのとおりである。

　　帰無仮説：$H_0 : \mu = 26.7$　（母平均は $26.7\,N/mm^2$ である）
　　対立仮説：$H_1 : \mu > 26.7$　（母平均は $26.7\,N/mm^2$ より高い）

2) **検定統計量の計算**

母分散は未知で小標本（$n=9$）であることから，$t$分布を用いる。強度試験の結果より，標本平均および不偏標準偏差を求めると，標本平均$\bar{x}=27.6$，不偏標準偏差$\hat{\sigma}=0.80$であるので，$t$値は次式より求められる。

$$t=\frac{\bar{x}-\mu}{\hat{\sigma}/\sqrt{n}}=\frac{27.6-26.7}{0.80/\sqrt{9}}=3.375\approx 3.38$$

3) **臨界値の設定**

有意水準5%で片側検定（上側），自由度8の場合の臨界値は，$t_{0.05, 8}=1.860$となる。

4) **判　定**

図5.8のとおり，$t>t_{0.05, 8}$（3.38＞1.860）となり，帰無仮説は棄却される。すなわち，コンクリートの圧縮強度は向上したといえる。

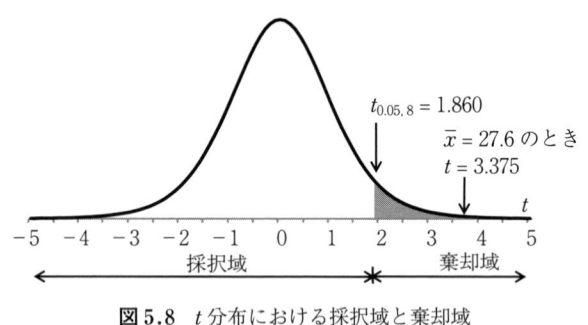

図5.8　$t$分布における採択域と棄却域　　◇

### 5.3.2　母比率の検定

母比率の検定は，母集団の比率と標本の比率の差を検定するものである。例えば，ある施策への支持は過半数を超えているといえるか，工場で製造している製品の不良品率は目標値以下であるか，といった問題を検証する場面などに用いる。検定の手順はつぎのとおりである。

（1）**検定仮説の設定**

　　帰無仮説：$H_0$：　$p=p_0$

　　対立仮説：$H_1$：　$p\neq p_0$（両側検定の場合）

　　　　　　　　　　　$p>p_0$（片側検定（上側）の場合）

　　　　　　　　　　　$p<p_0$（片側検定（下側）の場合）

（2）**検定統計量の計算**　ある母集団（$n$）から一定割合（$p$）で抽出した場合，その分布は二項分布 $B(n, p)$ に従うと考えられる。3章で述べたとおり，$n$ が大きい場合，二項分布は正規分布で近似できることから，母比率の検定についても，これまで紹介した正規分布を用いて検定方法を活用できる。

ここで，検定統計量 $z$ は式（5.4）で表される（4.5節で説明した式と基本的に同じである）。

$$z = \frac{p - p_0}{\sqrt{p_0(1-p_0)/n}} \tag{5.4}$$

（3）**臨界値の設定**　母平均の検定と基本的に同じである（5.3.1項を参照のこと）。

（4）**判　定**　母平均の検定と基本的に同じである（5.3.1項を参照のこと）。

---

【例題5.4】　人口30万人のある都市で，住民1000人に対して新駅設置の賛否を問うアンケートを行った結果，賛成が570人，反対が430人であった。賛成が過半数（5割）を超えているといえるか，有意水準5%で検定せよ。

---

【解答】
1）**検定仮説の設定**
　　賛成率が5割（0.5）を超えているかに関心があることから，片側検定（上側）となる。帰無仮説と対立仮説はつぎのとおりである。
　　　帰無仮説：$H_0 : p = 0.5$　（賛成率は5割である）
　　　対立仮説：$H_1 : p > 0.5$　（賛成率は5割より高い）
2）**検定統計量の計算**

$$z = \frac{p - p_0}{\sqrt{p_0(1-p_0)/n}} = \frac{0.57 - 0.5}{\sqrt{0.5(1-0.5)/1000}} = 4.427 \approx 4.43$$

3）**臨界値の設定**
　有意水準5%で片側検定（上側）の場合の臨界値は，$z_{0.05} = 1.645$ となる。

4）**判　定**
　$z > z_{0.05}$（4.43＞1.645）となり，帰無仮説は棄却される。すなわち，賛成率は5割より高いといえる。　　　　　　　　　　　　　　　　　　◇

### 5.3.3　母平均の差の検定

　上述した母平均の検定や母比率の検定は，一つの母集団を対象とした検定であった。ここでは，**二つの異なる母集団**の間で平均が異なっているかを検定する方法を取り上げる。例えば，二つのメーカーの製品間で性能に違いがあるか，安全対策の実施前後で交通事故の発生状況に差があるかなどを検証したい場合に用いる方法であり，実用性の高い検定方法である。

　母平均の差の検定は，**図5.9**のとおり，二つの母集団の分散が既知であるか未知であるか，未知の場合，二つの母分散は等しいかによって方法が異なる。

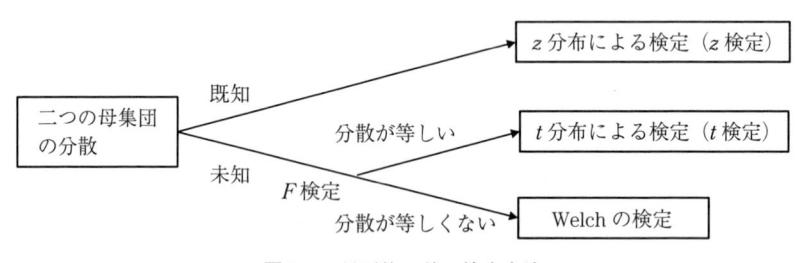

**図5.9**　母平均の差の検定方法

　以降では，母分散が既知である場合と，未知であるが等しい場合について，二つの母平均の差の検定方法を説明する。

　なお，母平均の差の検定では，二つの標本が対の関係にあるか否かで，検定方法が異なる（対の関係のある場合を**対応のある**という）。例えば，同一の被験者を対象に，対策実施前後の比較を行った場合などが該当する。ただし，一般的には対の関係でない場合が多いと想定されることから，ここでは，**対応の**

ない場合を取り上げて説明する。

〔1〕 **母分散が既知の場合の母平均の差の検定（$z$ 検定）**　母平均の差の検定は，二つの標本の平均の差が分布することに着目して検定を行う．具体的には，4.5 節でも説明したように，正規分布に従う二つの標本平均の差は，正規分布に従うことが知られており，これに基づくと，二つの母集団（標本の大きさを $m$, $n$ とする）の平均を $\mu_1$, $\mu_2$, 分散を $\sigma_1^2$, $\sigma_2^2$ とした場合，二つの標本平均の差 $\bar{x}_1 - \bar{x}_2$ は，平均 $\mu_1 - \mu_2$, 分散 $\sigma^2 = (\sigma_1^2/m) + (\sigma_2^2/n)$ の正規分布に従う．以降は，母平均の検定と同様に，$z$ 分布を用いた検定となる．

（1） **検定仮説の設定**

　　帰無仮説 $H_0 : \mu_1 = \mu_2$（二つの母集団の平均に差がない）
　　対立仮説 $H_1 : \mu_1 \neq \mu_2$（二つの母集団の平均に差がある）

（2） **検定統計量の計算**

　　$z$ 値は，標本平均 $\bar{x}_1$, $\bar{x}_2$, 母分散 $\sigma_1^2$, $\sigma_2^2$ を用いて，式 (5.5) より求められる．

$$z = \frac{\bar{x}_1 - \bar{x}_2}{\sqrt{\dfrac{\sigma_1^2}{m} + \dfrac{\sigma_2^2}{n}}} \tag{5.5}$$

（3） **臨界値の設定**

　　母平均の検定と基本的に同じである（5.3.1 項参照のこと）．

（4） **判　定**

　　母平均の検定と基本的に同じである（5.3.1 項参照のこと）．

---

【例題 5.5】　あるメーカーの工場で製造されている部品の長さの精度は，標準偏差 0.02 cm であることがわかっている．今回，工場内における検査として，ある 1 週間とつぎの 1 週間でそれぞれ 50 個ずつ抽出し，平均を測定したところ，2.51 cm と 2.53 cm であった．各週の製品の長さに差が認められるか，有意水準 5% で検定せよ．

## 【解答】

1) **検定仮説の設定**

帰無仮説と対立仮説はつぎのとおりである。

帰無仮説 $H_0 : \mu_1 = \mu_2$ （各週で製品の長さに差がない）

対立仮説 $H_1 : \mu_1 \neq \mu_2$ （各週で製品の長さに差がある）

2) **検定統計量の計算**

母標準偏差が $0.1\,\mathrm{cm}$ と既知であるので，$z$ 検定を行う。

$$z = \frac{\bar{x}_1 - \bar{x}_2}{\sqrt{\dfrac{\sigma_1^2}{m} + \dfrac{\sigma_2^2}{n}}} = \frac{2.51 - 2.53}{\sqrt{\dfrac{0.02}{50} + \dfrac{0.02}{50}}} = -5$$

3) **臨界値の設定**

有意水準5%で両側検定の場合の臨界値は，$z_{0.025} = 1.96$，$-z_{0.025} = -1.96$ となり，棄却域は $z > z_{0.025}$ と $z < -z_{0.025}$ である。

4) **判定**

$z < -z_{0.025}$（$-5 < -1.96$）であり，帰無仮説は棄却される。すなわち，各週で製品の長さに差があるといえる。 ◇

〔2〕 **等分散の場合の母平均の差の検定（$t$ 検定）** 5.3.1項でも述べたとおり，一般に母平均 $\mu$ が未知であるのに母分散 $\sigma^2$ だけが既知という状況は想定しにくい。その場合，母平均の検定と同様，$t$ 検定を行う。

二つの分布の母分散が未知であるが等しい場合については，〔1〕項と同様の考え方で，二つの標本平均の差に着目し，これが分布することを利用して検定を行う。なお，母分散が等しいか否かの検定（等分散の検定）については，〔4〕項で説明する。検定手順はつぎのとおりである。

（1） **検定仮説の設定**

帰無仮説 $H_0 : \mu_1 = \mu_2$（二つの母集団の平均に差がない）

対立仮説 $H_1 : \mu_1 \neq \mu_2$（二つの母集団の平均に差がある）

（2） **検定統計量の計算**

母分散が未知であることから，検定統計量には $t$ 値を用いる。$t$ 値は，標本平均 $\bar{x}_1$，$\bar{x}_2$，不偏分散 $\hat{\sigma}_1^2$，$\hat{\sigma}_2^2$ を用いて，式 (5.6) より求められる。

$$t = \frac{\bar{x}_1 - \bar{x}_2}{\sqrt{\dfrac{(m-1)\hat{\sigma}_1^2 + (n-1)\hat{\sigma}_2^2}{(m-1)+(n-1)}\left(\dfrac{1}{m}+\dfrac{1}{n}\right)}} \tag{5.6}$$

（3） **臨界値の設定**

母平均の検定と基本的に同じである（5.3.1項を参照のこと）。

（4） **判　定**

母平均の検定と基本的に同じである（5.3.1項を参照のこと）。

〔3〕 **等分散でない場合の母平均の差の検定（Welch の検定）**　二つの母集団の分散が異なる場合の検定方法は，上述の $t$ 値を修正した式 (5.7) をより求められる。

$$t = \frac{\bar{x}_1 - \bar{x}_2}{\sqrt{\dfrac{\hat{\sigma}_1^2}{m} + \dfrac{\hat{\sigma}_2^2}{n}}} \tag{5.7}$$

ただし，厳密には $t$ 分布に従わないため，$t$ 検定ではなく Welch（ウェルチ）の検定と呼ばれている。なお，二つの母集団の分散が異なる場合に平均の差を比較すること自体の意義については，慎重に検討する必要がある。

〔4〕 **等分散の検定（$F$ 検定）**　〔2〕項で述べたとおり，母分散が未知の場合の母平均の差の検定では，二つの母集団の分散が等しいと仮定できるか検定を行う必要があり，これを**等分散の検定**という。等分散の検定は，**$F$ 検定**（**F-test**）によって行う。この基本的な考え方は，二つの母集団の分散が同じであれば標本の分散も同じと期待されるため，その比である $F$ 値は 1 に近づき，一方，$F$ 値が 1 より大きい場合，二つの母分散が異なる可能性が高いと判断するものである。検定の手順はつぎのとおりである。

（1） **検定仮説の設定**

帰無仮説：$H_0 : \sigma_1^2 = \sigma_2^2$（二つの母集団の分散に差がない）

対立仮説：$H_1 : \sigma_1^2 \neq \sigma_2^2$（二つの母集団の分散に差がある）

### （2） 検定統計量の計算

各標本から不偏分散 $\hat{\sigma}_1^2$, $\hat{\sigma}_2^2$ を求め，式 (5.8) よりフィッシャーの分散比（$F$値）を求める。なお，分子に大きいほうの数値をとる。

$$F = \frac{\hat{\sigma}_1^2}{\hat{\sigma}_2^2} \tag{5.8}$$

### （3） 臨界値の設定

帰無仮説が正しい場合，$F$値は自由度 $(m-1, n-1)$ の $F$分布に従う（**図 5.10**）。これより，臨界値 $F_\alpha$ を求める。

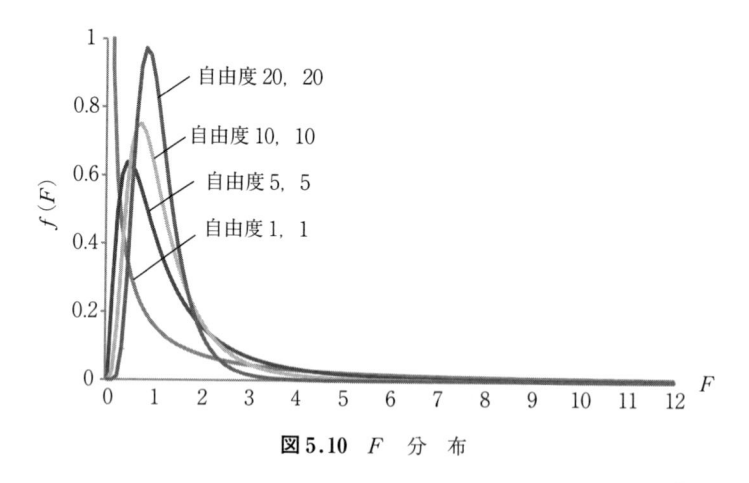

**図 5.10** $F$ 分 布

### （4） 判 定

$F > F_\alpha$ であれば，帰無仮説は棄却され，二つの母分散は差があるといえる。一方，$F < F_\alpha$ であれば，帰無仮説は棄却されず，母分散には差があるとはいえない。

5.3 各種検定の方法

**【例題 5.6】** ある 2 地点間を結ぶ道路の所要時間について，晴天時と雨天時それぞれ 10 回計測した結果を**表 5.5** に示す。晴天時と雨天時で所要時間の平均に差が認められるか，有意水準 5% で検定せよ。

表 5.5 晴天時と雨天時の所要時間

|  | 1回目 | 2回目 | 3回目 | 4回目 | 5回目 | 6回目 | 7回目 | 8回目 | 9回目 | 10回目 |
|---|---|---|---|---|---|---|---|---|---|---|
| 晴天時 | 33 | 38 | 37 | 39 | 40 | 42 | 35 | 36 | 35 | 31 |
| 雨天時 | 38 | 43 | 40 | 46 | 47 | 49 | 40 | 39 | 38 | 35 |

〔単位：分〕

**【解答】** まず，二つの母分散が等しいかについて $F$ 検定を行う。

1) **検定仮説の設定**
   帰無仮説：$H_0 : \sigma_1^2 = \sigma_2^2$
   対立仮説：$H_1 : \sigma_1^2 \neq \sigma_2^2$

2) **検定統計量の計算**
   雨天時の不偏分散 $\hat{\sigma}_1^2 = 20.7$，晴天時の不偏分散 $\hat{\sigma}_2^2 = 10.9$ となり，フィッシャーの分散比（$F$ 値）は次式より求められる。
   $$F = \frac{\hat{\sigma}_1^2}{\hat{\sigma}_2^2} = \frac{20.7}{10.9} = 1.90$$

3) **臨界値の設定**
   有意水準 5% で，分子の自由度 $df_1 = 10 - 1 = 9$，分母の自由度 $df_2 = 10 - 1 = 9$ のときの臨界値は，$F_{0.025} = 4.026$ となる。

4) **判定** 図 5.11 のとおり，$F < F_{0.025}$（$1.90 < 4.026$）となるので，帰無仮説は棄却されず，母分散には差があるとはいえない。
   以上より，二つの母分散が等しいと判断しても差し支えないことから，等分散の場合の平均の差の検定を行う。

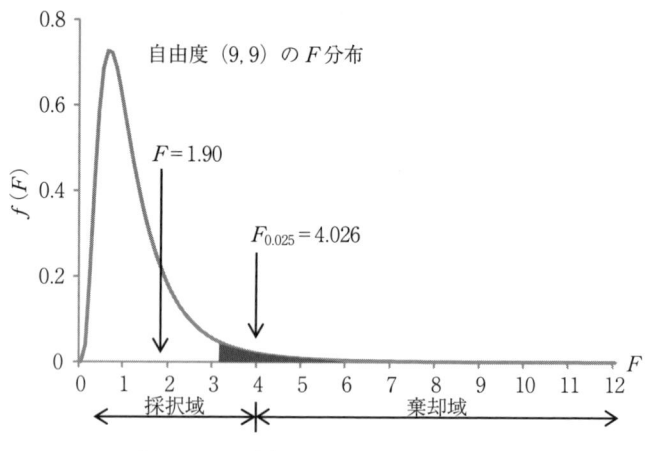

図5.11 $F$分布における採択域と棄却域

1) **検定仮説の設定**
   帰無仮説 $H_0: \mu_1 = \mu_2$ （雨天時と晴天時で所要時間の平均に差がない）
   対立仮説 $H_1: \mu_1 \neq \mu_2$ （雨天時と晴天時で所要時間の平均に差がある）
2) **検定統計量の決定** 検定統計量 $t$ は，標本平均 $\bar{x}_1$, $\bar{x}_2$，不偏分散 $\hat{\sigma}_1^2$, $\hat{\sigma}_2^2$ を用いて次式より求められる．標本平均 $\bar{x}_1 = 41.5$, $\bar{x}_2 = 36.6$，不偏分散 $\hat{\sigma}_1^2 = 20.7$, $\hat{\sigma}_2^2 = 10.9$ となることから，$t$ 値は次式より求められる．

$$t = \frac{\bar{x}_1 - \bar{x}_2}{\sqrt{\frac{(m-1)\hat{\sigma}_1^2 + (n-1)\hat{\sigma}_2^2}{(m-1)+(n-1)}\left(\frac{1}{m}+\frac{1}{n}\right)}}$$

$$= \frac{41.5 - 36.6}{\sqrt{\frac{9 \times 20.7 + 9 \times 10.9}{9+9}\left(\frac{1}{10}+\frac{1}{10}\right)}} = 2.754 \approx 2.75$$

3) **臨界値の設定** 有意水準 5% で両側検定，自由度 18 の場合の臨界値は，$t_{0.025, 18} = 2.101$, $-t_{0.025, 18} = -2.101$ となる．
4) **判 定** $t > t_{0.025, 18}$ （2.75 > 2.101）となり，帰無仮説は棄却される．すなわち，晴天時と雨天時で所要時間の平均に差があるといえる． ◇

### 5.3.4 適合度検定

**適合度検定**（goodness of fit test）は，質的データに対する検定方法である．

具体的には，実際の調査や実験からカウントした**観測度数**（observed frequency）が，理論上の確率分布や目安となる度数（**理論度数**（theoretical frequency）もしくは**期待度数**（expected frequency）という）と同じであるかどうかを判定する方法である．例えば，観測したデータの分布が正規分布に従っているとみなしてよいか，独自に実施したアンケート調査の属性比率が母集団の属性比率と同じであるかなどを確認する場面で用いられる．

ここで，階級が $i=1 \sim k$ の度数分布表が用意されている場合を考える．観測度数は $f_1, \cdots, f_k$ であり，理論確率を $p_1, \cdots, p_k$ とすると，理論度数は $np_1, \cdots, np_k$ で求めることができる（**表5.6**）．適合度検定は，観測度数と理論度数が近いかどうかを検定するものであり，具体的な手順はつぎのとおりである．

表5.6　階級ごとの観測度数と理論度数

| 階級 | 観測度数 | 理論確率 | 理論度数 |
|---|---|---|---|
| $A_1$ | $f_1$ | $p_1$ | $np_1$ |
| ⋮ | ⋮ | ⋮ | ⋮ |
| $A_k$ | $f_k$ | $p_k$ | $np_k$ |
| 計 | $n$ | 1 | $n$ |

（1）　**検定仮説の設定**

　　帰無仮説 $H_0$：観測度数は理論度数と同じである．

　　対立仮説 $H_1$：観測度数は理論度数と同じでない．

（2）　**検定統計量の決定**　　適合度検定では，検定統計量として**ピアソンの $\chi^2$ 値**を用いる．4.7節において $\chi^2$ 分布について説明したが，このときの $\chi^2$ 値を求める式には，母平均 $\mu$ や母分散 $\sigma^2$ が必要であった．一方で，表5.6のような度数分布表からは，これら二つの母数は計算できないため，これを期待度数に置き換えることで，度数分布表やクロス集計表（5.3.5項で説明）の度数のみから算出できる検定統計量が開発された[3]．これがピアソンの $\chi^2$ 値である（以降では，単に $\chi^2$ 値と表記する）．

$\chi^2$ 値は式 (5.9) で表され，観測度数と理論度数の差が小さいほど，$\chi^2$ 値は 0 に近づき，差が大きいほど，$\chi^2$ 値は大きくなる。

$$\chi^2 = \sum_{i=1}^{k} \frac{(f_i - np_i)^2}{np_i} \tag{5.9}$$

ここで，$f_i$：観測度数，$p_i$：理論確率，$np_i$：理論度数（期待度数），$i$：階級，$k$：階級数である。

（3） **臨界値の設定**　$\chi^2$ 値は自由度 $(k-1)$ の $\chi^2$ 分布に従う（**図 5.12**）。これより，臨界値 $\chi^2_{\alpha, k-1}$ を求める。

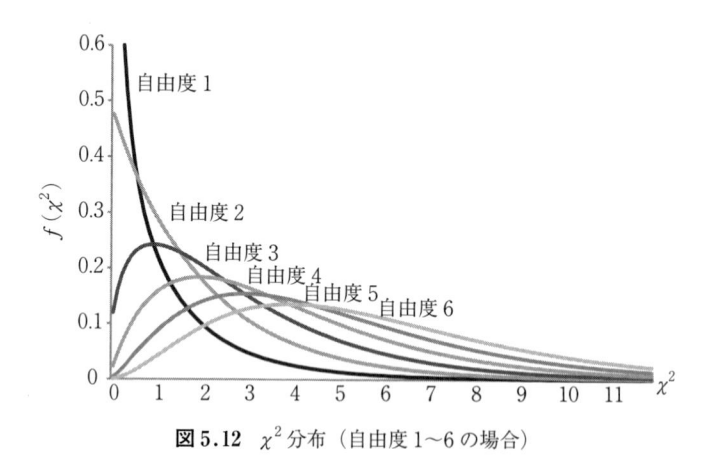

**図 5.12**　$\chi^2$ 分布（自由度 1〜6 の場合）

（4） **判　定**　$\chi^2 > \chi^2_{\alpha, k-1}$ であれば，帰無仮説は棄却され，観測度数は理論度数と同様でないといえる。一方，$\chi^2 < \chi^2_{\alpha, k-1}$ であれば，帰無仮説は棄却されず，観測度数は理論度数と同じでないとはいえない。

---

【**例題 5.7**】　ある自治体の高齢者（65 歳以上）人口の男女比率は，国勢調査によると 1：1.5 である。この自治体の高齢者 100 人に日常生活に関するアンケート調査を実施した結果，男性 55 人，女性 45 人から回答を得た。アンケート調査の回答者の性別構成は国勢調査の性別構成と同様であるといえるか，有意水準 5% で検定せよ。

## 5.3 各種検定の方法

**【解答】**
1）**仮説の設定**
　帰無仮説 $H_0$：アンケート調査の回答者の性別構成は国勢調査と同様である。
　対立仮説 $H_1$：アンケート調査の回答者の性別構成は国勢調査を同様でない。

2）**検定統計量の計算**
　　まず，理論度数を求める。国勢調査における男女比率（1：1.5）に基づくと，高齢者100人の男女内訳は，男性40人，女性60人となる。一方で観測度数は，男性55人，女性45人である。これらの値を用いて，$\chi^2$値を求める。

$$\chi^2 = \sum_{i=1}^{k} \frac{(f_i - np_i)^2}{np_i} = \frac{(55-40)^2}{40} + \frac{(45-60)^2}{60}$$

$$= 5.625 + 3.75 = 9.375 \approx 9.38$$

3）**臨界値の設定**
　有意水準5%，自由度1（$=k-1=2-1$）の場合の臨界値は，$\chi^2_{0.05,1}=3.841$ となる。

4）**判　定**
　**図5.13**のとおり，$\chi^2 > \chi^2_{0.05,1}$（9.38＞3.841）であるため，帰無仮説は棄却される。すなわち，国勢調査の性別構成と同様でないといえる。

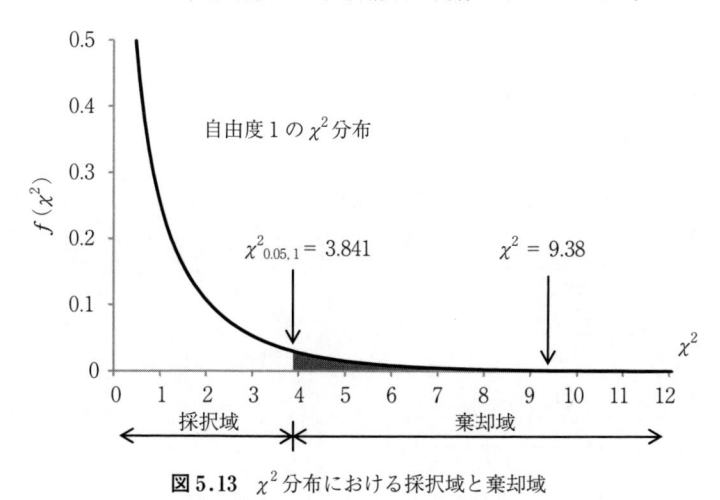

**図5.13** $\chi^2$分布における採択域と棄却域　　◇

# 5. 仮説検定

**【例題5.8】** 表5.7と図5.14は，ある大都市圏の居住者から185人（$n=185$）を抽出して，通勤時間を調査した結果について，度数分布表およびヒストグラムで整理したものである。これを正規分布で近似できるか，有意水準5%で検定せよ。

**表5.7** 通勤時間の度数分布表

| 下限値〔分〕 | 上限値〔分〕 | 階級値 $x_i$〔分〕 | 観測度数 $f_i$〔人〕 |
|---|---|---|---|
| 15 | 30 | 22.5 | 6 |
| 30 | 45 | 37.5 | 21 |
| 45 | 60 | 52.5 | 41 |
| 60 | 75 | 67.5 | 51 |
| 75 | 90 | 82.5 | 40 |
| 90 | 105 | 97.5 | 19 |
| 105 | 120 | 112.5 | 7 |
| 合　計　$n$ | | | 185 |

下限値は以上，上限値は未満

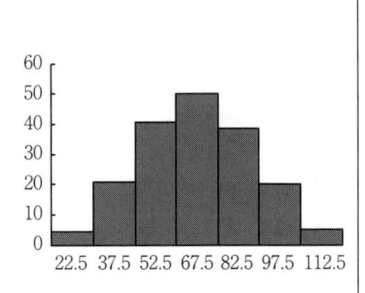

**図5.14** 通勤時間のヒストグラム

**【解答】**

1) **度数分布表から基本統計量を算出**

度数分布表から標本平均と不偏分散，不偏標準偏差を求める。ここで，一般に度数分布表の階級を $k$（$=1 \sim m$），階級 $k$ の観測度数を $f_k$，度数の合計（観測数）を $n$ としたとき，平均 $\bar{x}$，分散 $\hat{\sigma}^2$ は式（5.10），（5.11）より求められる。

$$\bar{x} = \frac{\sum_{k=1}^{m} x_i f_i}{n} \tag{5.10}$$

$$\hat{\sigma}^2 = \frac{\sum_{k=1}^{m} x_i^2 f_i - n \cdot \bar{x}^2}{n} \tag{5.11}$$

上式を用いて，度数分布表から標本平均，不偏分散，不偏標準偏差を求める。なお，不偏分散を求めることから，式（5.11）の分母は $n-1$ となる。

$$\bar{x} = \frac{12\,460}{185} = 67.351 \approx 67.35$$

$$\hat{\sigma}^2 = \frac{\sum x_i^2 f_i - n \cdot \bar{x}^2}{n-1} = \frac{80\,243}{184} = 436.10 \approx 436.1$$

$$\hat{\sigma} = 20.88$$

2）**正規分布から標準正規分布への変換**

階級ごとに標準化の式（$z$ 変換の式）を用いて，階級値 $x$ を $z$ 値へ変換する。

$$z = \frac{x - \mu}{\sigma} = \frac{x - \bar{x}}{\hat{\sigma}}$$

例えば，$x = 15$，$x = 30$ の場合，次式より $z = -2.507$，$z = -1.789$ となる。

$$z = \frac{15 - 67.35}{20.88} = -2.507 \qquad z = \frac{30 - 67.35}{20.88} = -1.789$$

3）**階級ごとの理論確率の算出**

理論確率については，仮定している理論分布（この場合は標準正規分布）から求めることができる。例えば，$-2.507 < z < -1.789$ の場合の理論確率は，0.030 8 となる。この理論確率に観測度数（$n = 185$）を乗じることで，理論度数が求められる（**表 5.8**）。

**表 5.8** 階級ごとの観測度数と理論度数

| 階級値 $x_i$ | 観測度数 $f_i$ | 階級値× 観測度数 | 階級値$^2$× 観測度数 | $z$ | 理論確率 $p_i$ | 理論度数 | $\dfrac{(観測度数 - 理論度数)^2}{理論度数}$ |
|---|---|---|---|---|---|---|---|
| 22.5 | 6 | 135 | 3 038 | $-2.507 \sim -1.789$ | 0.030 8 | 5.69 | 0.017 |
| 37.5 | 21 | 788 | 29 531 | $-1.789 \sim -1.070$ | 0.105 4 | 19.50 | 0.115 |
| 52.5 | 41 | 2 153 | 113 006 | $-1.070 \sim -0.352$ | 0.220 2 | 40.73 | 0.002 |
| 67.5 | 51 | 3 443 | 232 369 | $-0.352 \sim 0.366$ | 0.280 5 | 51.89 | 0.015 |
| 82.5 | 40 | 3 300 | 272 250 | $0.366 \sim 1.085$ | 0.218 0 | 40.33 | 0.003 |
| 97.5 | 19 | 1 853 | 180 619 | $1.085 \sim 1.803$ | 0.103 3 | 19.12 | 0.001 |
| 112.5 | 7 | 788 | 88 594 | $1.803 \sim 2.521$ | 0.029 9 | 5.52 | 0.397 |
|  | 185 | 12 460 | 919 407 |  | 1.0 |  | 0.550 |

4）**検定仮説の設定**

帰無仮説 $H_0$：正規分布に適合する（正規分布に従う）。

対立仮説 $H_1$：正規分布に適合しない（正規分布に従わない）。

5）**検定統計量の計算**　　次式より $\chi^2$ 値を求める。

$$\chi^2 = \sum_{i=1}^{k} \frac{(f_i - np_i)^2}{np_i} = \frac{(6 - 5.69)^2}{5.69} + \cdots + \frac{(7 - 5.52)^2}{5.52} = 0.550 \approx 0.55$$

観測値の分布が理論分布と乖離している場合，すなわち観測度数（$f_i$）と理論度数（$np_i$）の差が小さいほど，$\chi^2$ 値は 0 に近づき，差が大きいほど，$\chi^2$ 値

は大きくなる。

6) **臨界値の設定**　理論分布の母数（平均，分散）が未知で，利用可能なデータから推定しなければならない場合，推定が必要な未知母数1個につき自由度を1減じなければならない[4]。ここでは，正規分布の平均を標本平均から，分散を不偏分散から推定するため，自由度は$k-1-2$となる。階級数は7であり，自由度は$4(=7-1-2)$となる。有意水準5%，自由度4の場合の臨界値は，$\chi^2_{0.05,4}=9.488$となる。

7) **判定**　図5.15のとおり，$\chi^2<\chi^2_{0.05,4}$となることから，帰無仮説は棄却されない。すなわち，通勤時間分布は正規分布に適合していないとはいえない（この場合，ヒストグラムの形状から，正規分布に適合しているといえよう）。

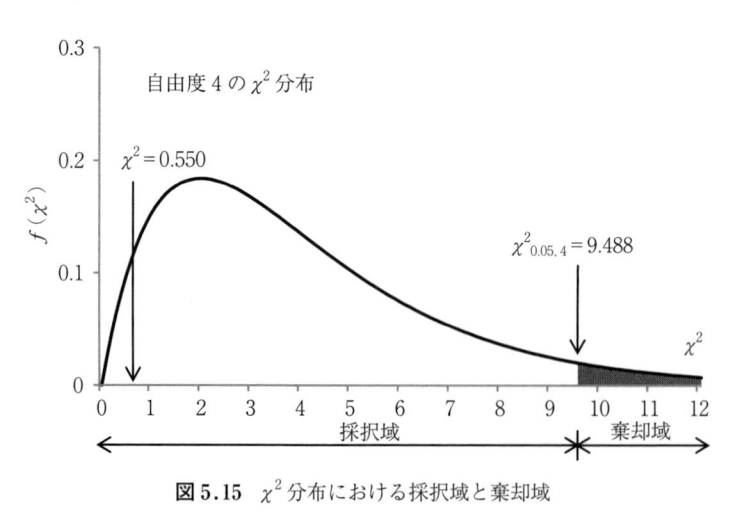

**図5.15**　$\chi^2$分布における採択域と棄却域　　◇

## 5.3.5　独立性検定

**独立性検定**（test of independence）は，**クロス集計表**（cross-tabulation table，分割表ともいう）の度数から，表側（列）と表頭（行）の項目が関連しているか否かを確認する方法である。適用場面としては，年齢層と利用交通手段との間に関係があるか，毎日の歩数とBMI（肥満度）との間に関係があるかなどが挙げられる。

表5.9 クロス集計表（$r \times c$ 分割表）

|   | $B_1$ | $B_2$ | $\cdots$ | $B_c$ | 行和 |
|---|---|---|---|---|---|
| $A_1$ | $f_{11}$ | $f_{12}$ | $\cdots$ | $f_{1c}$ | $f_1$ |
| $A_2$ | $f_{21}$ |  | $\cdots$ | $f_{2c}$ | $f_2$ |
| $\vdots$ | $f_k$ |  | $\cdots$ |  | $\vdots$ |
| $A_r$ |  |  | $\cdots$ | $f_{rc}$ | $f_r$ |
| 列和 | $f_1$ | $f_2$ | $\cdots$ | $f_c$ | $n$ |

ここでクロス集計表とは，表5.9のように，二つのデータ群をいくつかの階級に区分し，両方の階級に含まれる観測値の個数を計測した表である。

独立性検定の具体的な手順は，つぎのとおりである。

（1） **検定仮説の設定**

　　　帰無仮説 $H_0$：表側と表頭が独立である（関係がない）。

　　　対立仮説 $H_1$：表側と表頭が独立ではない（関係がある）。

（2） **検定統計量の決定**　検定統計量としては，適合度検定と同様にピアソンの $\chi^2$ 値を用いる。$\chi^2$ 値は式（5.12）で表される。

$$\chi^2 = \sum_{i=1}^{r} \sum_{j=1}^{c} \frac{(f_{ij} - f_i \cdot f_j / n)^2}{f_i \cdot f_j / n} \tag{5.12}$$

ここで，$f_{ij}$：$i$ 行 $j$ 列の観測度数，$f_i \cdot f_j / n$：$i$ 行 $j$ 列の期待度数，$f_i$：$i$ 行の観測度数の合計，$f_j$：$j$ 列の観測度数の合計，$r$：行数，$c$：列数である。なお，ここでの期待度数とは，表側と表頭が独立であるという帰無仮説のもとで導かれる度数である。

（3） **臨界値の設定**　$\chi^2$ 値は，自由度は $(r-1) \times (c-1)$ の $\chi^2$ 分布に従う。これより，臨界値 $\chi^2_{\alpha,(r-1)(c-1)}$ を求める。

（4） **判　　定**

$\chi^2 > \chi^2_{\alpha,(r-1)(c-1)}$ であれば，帰無仮説は棄却され，表側と表頭が独立ではない（関係がある）といえる。一方，$\chi^2 < \chi^2_{\alpha,(r-1)(c-1)}$ であれば，帰無仮説は棄却されず，表側と表頭が独立ではないとはいえない。

## 5. 仮説検定

**【例題 5.9】** 表 5.10 は，ある地域における非高齢者別（65歳未満）・高齢者（65歳以上）の代表交通手段の利用割合を調査した結果である。年齢階層と代表交通手段の間に関係があるかどうか，有意水準 5% で検定せよ。

表 5.10 年齢階層別の代表交通手段の利用割合

|  | 鉄道 | バス | 自動車 | 二輪車 | 徒歩 | 合計 |
|---|---|---|---|---|---|---|
| 非高齢者 | 35 | 2 | 29 | 16 | 18 | 100 |
| 高齢者 | 14 | 5 | 36 | 16 | 29 | 100 |
| 計 | 49 | 7 | 65 | 32 | 47 | 200 |

**【解答】**

1) **検定仮説の設定**

   帰無仮説 $H_0$：年齢階層と代表交通手段は独立である（関係がない）。
   対立仮説 $H_1$：年齢階層と代表交通手段は独立ではない（関係がある）。

2) **検定統計量の計算**

   期待度数を求めた結果は**表 5.11** のとおりである（例えば，非高齢者で鉄道利用は，$49 \times 100 / 200 = 24.5$ と求められる）。

表 5.11 期待度数

|  | 鉄道 | バス | 自動車 | 二輪車 | 徒歩 | 計 |
|---|---|---|---|---|---|---|
| 非高齢者 | 24.5 | 3.5 | 32.5 | 16.0 | 23.5 | 100 |
| 高齢者 | 24.5 | 3.5 | 32.5 | 16.0 | 23.5 | 100 |
| 計 | 49 | 7 | 65 | 32 | 47 | 200 |

$\chi^2$ 値を次式より求める。

$$\chi^2 = \sum_{i=1}^{r} \sum_{j=1}^{c} \frac{(f_{ij} - f_i \cdot f_j / n)^2}{f_i \cdot f_j / n} = \frac{(35 - 24.5)^2}{24.5} + \cdots + \frac{(29 - 23.5)^2}{23.5}$$

$$= 13.614 \approx 13.61$$

3） **臨界値の設定**
有意水準5％，自由度は $(5-1)\times(2-1)=4$ であり，臨界値は，$\chi^2_{0.05,4}=9.488$ となる。

4） **判　定**
$\chi^2 > \chi^2_{0.05,4}$ （13.61＞9.488）であり，帰無仮説は棄却される。すなわち，年齢階層と利用交通手段は独立ではない（関係がある）といえる。　　◇

## 5.4　Excelを用いた仮説検定

### 5.4.1　確率の計算

3章でも説明したとおり，$z$分布（標準正規分布），$t$分布，$\chi^2$分布，$F$分布の確率密度は，つぎの関数を用いて求めることができる。

　　　　$z$分布「NORM.DIST（平均，標準偏差，関数形式（FALSE））」
　　　　$t$分布「T.DIST（$x$値，自由度，関数形式（FALSE））」
　　　　$\chi^2$分布「CHISQ.DIST（$x$値，自由度，関数形式（FALSE））」
　　　　$F$分布「F.DIST（$x$値，自由度1，自由度2，関数形式（FALSE））」

また，5.3.1項で説明した$z$検定や$t$検定における臨界値は，**図5.16**のとおり求めることができる。

| 標準正規分布 | | |
|---|---|---|
| p | z値 | |
| 0.975 | 1.960 | =NORM.S.INV(0.975) |
| 0.95 | 1.645 | =NORM.S.INV(0.95) |

| t分布（自由度10の場合） | | | |
|---|---|---|---|
| p | 自由度 | t値 | |
| 0.975 | 10 | 2.228 | =T.INV(0.975,10) |
| 0.95 | 10 | 1.812 | =T.INV(0.95,10) |

**図5.16**　臨界値の求め方

### 5.4.2　等分散の検定（$F$検定）

Excelの「分析ツール」の「$F$-検定：2標本を使った分散の検定」を用いる。【例題5.6】を「分析ツール」で計算した結果は**表5.12**のとおりである。これより，分散比が1.90に対して，$F$境界値（臨界値のこと）は4.03であり，帰無仮説が棄却されない。

なお，帰無仮説の判定には，**P値**（P-vale）を用いることもできる。P値とは，帰無仮説が正しいという仮定のもとで，標本から算出された検定統計量（この場合 $F$ 値）以上の値が得られる確率であり，P値が設定した有意水準より小さいとき，帰無仮説が棄却される。この場合，P値は 0.18 であり，有意水準5%（片側の場合 0.025）より大きいことから，帰無仮説が棄却されない。

**表5.12** 「分析ツール」を用いた等分散の検定結果

$F$-検定：2標本を使った分散の検定（$\alpha = 0.025$）

|  | 雨天時 | 晴天時 |
| --- | --- | --- |
| 平均 | 41.5 | 36.6 |
| 分散 | 20.7 | 10.9 |
| 観測数 | 10 | 10 |
| 自由度 | 9 | 9 |
| 観測された分散比 | 1.90 | |
| $P(F<=f)$ 片側 | 0.18 | |
| $F$ 境界値 片側 | 4.03 | |

### 5.4.3 母平均の差の検定

「分析ツール」の「$t$ 検定：等分散を仮定した2標本による検定」を用いる。【例題5.6】を「分析ツール」で計算した結果は**表5.13**のとおりである。これより，$t$ 値が 2.75 に対して，$t$ 境界値（両側）が 2.10 であることから，帰無仮説は棄却される（P値も 0.01 と有意水準5%（0.05）より小さい）。

### 5.4.4 クロス集計表の作成方法

クロス集計は，Excelの「ピボットテーブル」という機能を用いて作成する。ここでは，**表5.14**のような，ある10人の年齢層と利用交通手段の一覧表が与えられている場合に，年齢層ごとの利用交通手段の違いがわかるように，表側（列）を年齢層，表頭（行）を利用交通手段としたクロス集計表を作成する作業を例に，手順を説明する。

5.4 Excel を用いた仮説検定　145

① Excel のメニューバーから，「挿入」―「ピボットテーブル」を選択し，データ範囲（A1 〜 C11）を指定する（図5.17）。

**表5.13**　「分析ツール」を用いた母平均の差の検定結果

$t$-検定：等分散を仮定した2標本による検定

|  | 雨天時 | 晴天時 |
|---|---|---|
| 平均 | 41.5 | 36.6 |
| 分散 | 20.7 | 10.9 |
| 観測数 | 10 | 10 |
| プールされた分散 | 15.8 | |
| 仮説平均との差異 | 0 | |
| 自由度 | 18 | |
| $t$ | 2.75 | |
| $P(T<=t)$ 片側 | 0.01 | |
| $t$ 境界値 片側 | 1.73 | |
| $P(T<=t)$ 両側 | 0.01 | |
| $t$ 境界値 両側 | 2.10 | |

**表5.14**　年齢層と利用交通手段

| No. | 年齢層 | 利用交通手段 |
|---|---|---|
| 1 | 非高齢者 | 自動車 |
| 2 | 高齢者 | バス |
| 3 | 非高齢者 | 自動車 |
| 4 | 非高齢者 | 自動車 |
| 5 | 非高齢者 | バス |
| 6 | 高齢者 | 自動車 |
| 7 | 非高齢者 | 自動車 |
| 8 | 高齢者 | バス |
| 9 | 非高齢者 | 自動車 |
| 10 | 高齢者 | バス |

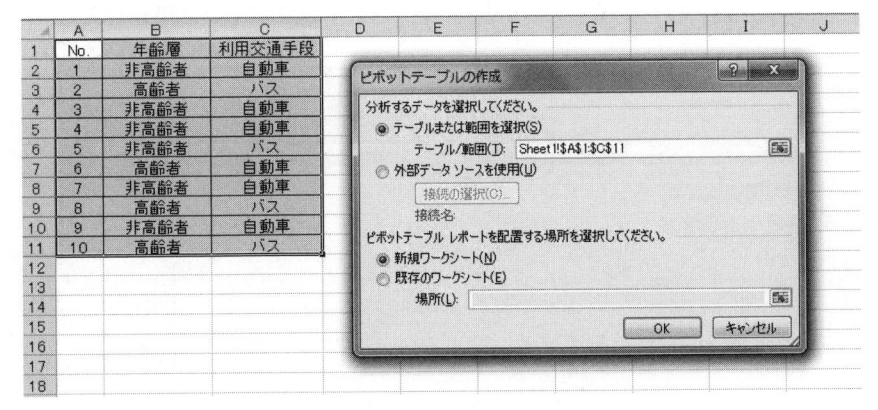

**図5.17**　「ピボットテーブル」の選択

② Excel のシートの左側に空のテーブルが，右側にフィールド（項目）の選択欄が表示される（図5.18）。

# 5. 仮説検定

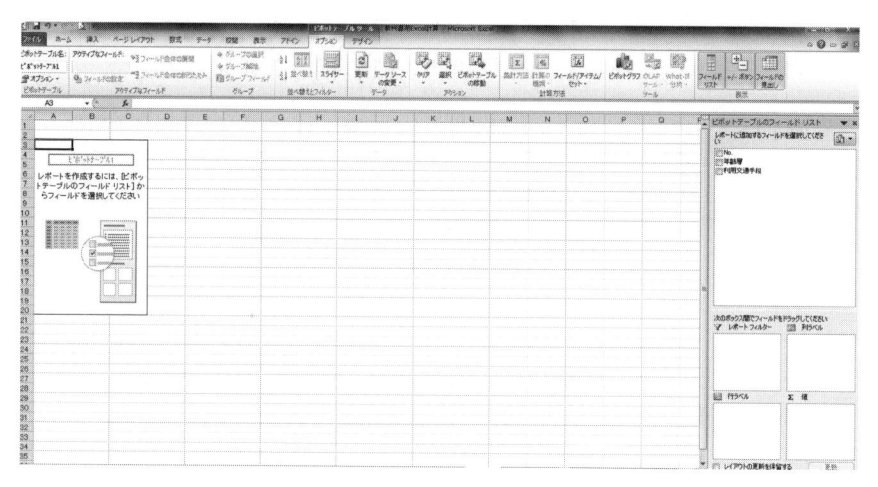

**図5.18**　「ピボットテーブル」の選択結果

③　ピボットテーブルのフィールドリストから，行ラベルに「年齢層」，列ラベルに「利用交通手段」，値に「No.」をそれぞれ選ぶ（上の欄から項目を選択し，下のボックスにドラッグする）。この際，値については，「データの個数」とする（デフォルトでは，「合計」となっている場合もある）。

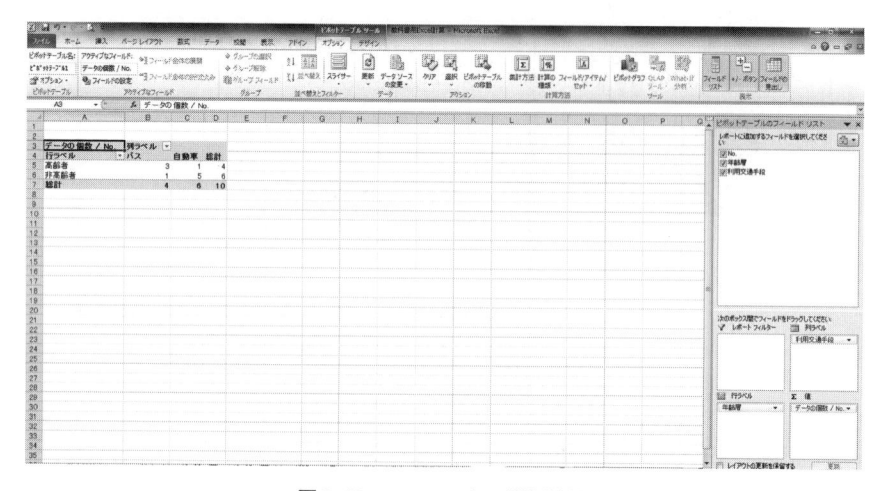

**図5.19**　フィールドの選択結果

以上の操作の結果，左側の空のテーブルに，表側（列），表頭（行）に集計された結果が表示される（**図 5.19**）。

④ ③の結果をもとに，クロス集計表を作成する（**表 5.15**）。

**表 5.15** クロス集計表

|       | バス | 自動車 | 計 |
|-------|------|--------|-----|
| 高齢者 | 3    | 1      | 4   |
| 非高齢者 | 1  | 5      | 6   |
| 計    | 4    | 6      | 10  |

## 演 習 問 題

【1】あるバス会社は，これまで 1 日平均 2 500 人の利用者がいた。このたび，利用者からの要望を踏まえ，全区間で 10 円の値下げを実施した。値下げ後，15 日間にわたって利用者数の調査をした結果，標本平均が 2 650 人，不偏標準偏差が 200 人であった。運賃引き下げにより利用者は増加したといえるか，有意水準 5% で検定せよ。

【2】ある都市の今年の 9 月の日平均気温のデータ（30 日分）を分析した結果，標本の平均は 23.8 ℃，標準偏差は 1.07 ℃であった。一方，30 年間の測定結果の平均は 23.0 ℃である。今年の 9 月の平均気温が過去 30 年間の 9 月平均気温と比べて差があるといえるか，有意水準 5% で検定せよ。

【3】ある都市圏に居住する人の外出率（居住人口のうち外出した人数の割合）は，パーソントリップ調査によると，85.3% であった。一方，あるシンクタンクが，同じ都市圏在住の 300 人を対象に調査を実施した結果，調査日に外出した人は 260 人であった。アンケート調査の外出率はパーソントリップ調査の外出率より高いといえるか，有意水準 5% で検定せよ。

【4】ある建設現場で調達しているコンクリートについて，前年に比べて圧縮強度が低いとの指摘があった。前年と今年の強度試験のデータは**問表 5.1** のとおりであるとき，強度が低下しているか，有意水準 5% で検定せよ。

問表5.1　コンクリートの強度試験データ

|  | 1回目 | 2回目 | 3回目 | 4回目 | 5回目 |
|---|---|---|---|---|---|
| 前年 | 26.5 | 26.1 | 27.0 | 26.3 | 26.9 |
| 今年 | 24.5 | 25.3 | 24.9 | 25.3 | 24.6 |

〔単位：$N/mm^2$〕

【5】　ある大都市圏の鉄道通勤者の年齢構成は，大都市交通センサス（国土交通省が5年ごとに実施している公共交通利用者を対象とした統計調査）によると**問表5.2**のとおりである[5]。一方，ある研究室で，同じ都市圏在住の鉄道通勤者500人を対象に鉄道サービスに関するアンケート調査を実施した結果，年齢階層別の回答者数は同じく問表5.2のとおりとなった。アンケート調査の回答者の年齢構成は大都市交通センサスの年齢構成と同様であるといえるか，有意水準5%で検定せよ。

問表5.2　鉄道通勤者の年齢構成

|  | 20代 | 30代 | 40代 | 50代 | 60代以上 | 計 |
|---|---|---|---|---|---|---|
| 大都市交通センサス〔千人〕 | 1 332 | 1 695 | 1 349 | 885 | 433 | 5 694 |
| アンケート調査〔人〕 | 110 | 143 | 123 | 81 | 43 | 500 |

【6】　**問表5.3**は，東京圏のシニア世代（60歳以上）100人を対象に，日常の外出行動について調査した結果の一部である。年齢階層と通院頻度（病院・医院へ通う頻度）との間に関係があるかどうか，有意水準5%で検定せよ。

問表5.3　シニア世代の日常の外出行動

| 観測度数 | 病院によく出かける | 病院にたまに出かける | 病院にほとんど出かけない | 計 |
|---|---|---|---|---|
| 60歳代 | 1 | 21 | 34 | 56 |
| 70歳代 | 3 | 31 | 10 | 44 |
| 計 | 4 | 52 | 44 | 100 |

〔単位：人〕

# 6

# 回 帰 分 析

　ある都市の人口と交通事故件数を考えると，人口が多くなれば交通事故も多くなるのではないかと想像がつく。「人口」という変数と「交通事故件数」という変数には関係があると思われるが，それは本当であろうか。このことを数的に客観的に示すことができれば，根拠をもって説明することができる。客観的データ，すなわち数的根拠を示さなければ説明できず，主観的な考えであるとも理解されてしまう。

　土木・交通現象を説明するうえでは，客観的に得られた結果とその意味を踏まえて分析し，考察を述べることが必要である。実社会においても，土木・交通技術者は，関係者に数的根拠をもって説明する必要があり，数的根拠に基づいて判断する必要がある。2章ではデータの特性を分析する意義を学んできたが，本章では，一つの変数だけでなく，二つの変数の関係を分析することを中心に解説する。

## 6.1　二つの変数の関係を分析する基礎：散布図

### 6.1.1　散　布　図

　一つの変数だけでなく，二つの変数の関係を分析することにより，2変数間の特徴をつかむことができる。そのことを示すのが，**散布図**（scattergram）である。散布図は，一つの変数を $x$ 軸に，もう一つの変数を $y$ 軸に示して表すものであり，**観測値** $\{(x_1, y_1), (x_2, y_2), (x_3, y_3), \cdots, (x_n, y_n)\}$ が得られたとき，それらをプロットしたものである。2変数の関係を視覚的にとらえるための有用な手段であり，通常はデータ分析で最初に行われる。この散布図により，二つの変数の関係の傾向をつかむことができる。

## 6. 回帰分析

**【例題 6.1】** 表 6.1 のある都市の人口（千人）†と交通事故件数の 2 変数のうち，人口を $x$ 軸，交通事故件数を $y$ 軸にして散布図を作成せよ。

**表 6.1** 散布図のもととなるデータ

| 都市 | 人口〔千人〕 | 交通事故件数 | 都市 | 人口〔千人〕 | 交通事故件数 |
|---|---|---|---|---|---|
| A 市 | 2 629 | 16 045 | F 市 | 1 176 | 6 995 |
| B 市 | 2 215 | 17 021 | G 市 | 1 104 | 6 793 |
| C 市 | 1 881 | 8 055 | H 市 | 1 018 | 5 030 |
| D 市 | 1 525 | 9 692 | I 市 | 924 | 4 571 |
| E 市 | 1 468 | 9 342 | J 市 | 841 | 3 553 |

**【解答】** 図 6.1 のようになる。

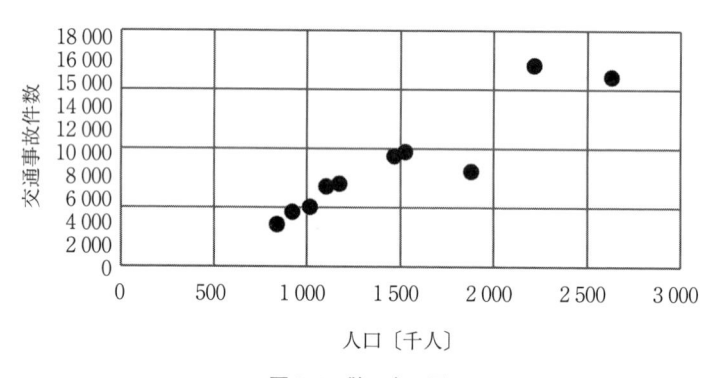

**図 6.1** 散　布　図　　◇

図 6.1 の散布図を見ると，$x$ 軸の値が大きくなればなるほど $y$ 軸の値も大きくなる。すなわち，人口が増えれば交通事故件数も増えるということを読みとることができる。このように，二つの変数を散布図に示すことで，データの傾向やその背後にある 2 変数間の関係をつかむことが可能となる。散布図上に観

---

† 土木・交通分野においては，人口 1 000 000 人（百万人）を 1 000 千人，工事費 100 000 000 円（1 億円）を 100 百万円などと示すことが多々あることから，示されている単位には注意が必要である。表 6.1 においても人口の単位は千人としてあり，A 市の人口は 2 629 000 人となる。

測値がばらばらに散らばれば $x$ と $y$ の関係性はうすく，観測値の分布が何らかの傾向を示せば $x$ と $y$ との間に関係性が見られる．なお，この二つの変数間の関係の強さ，弱さについては次節で説明する．

### 6.1.2 外れ値（異常値）の存在と扱い

土木・交通現象を解明するうえで，実際に実験や調査を行い得られたデータを見たときに，明らかに異常な値が含まれていることもある．例えば，実験器具の故障や調査ミス，入力時のミスにより，明らかに他の値とは異なる離れたところに位置することがある（図 6.2）．そのような値を**外れ値**（outlier），もしくは**異常値**という．

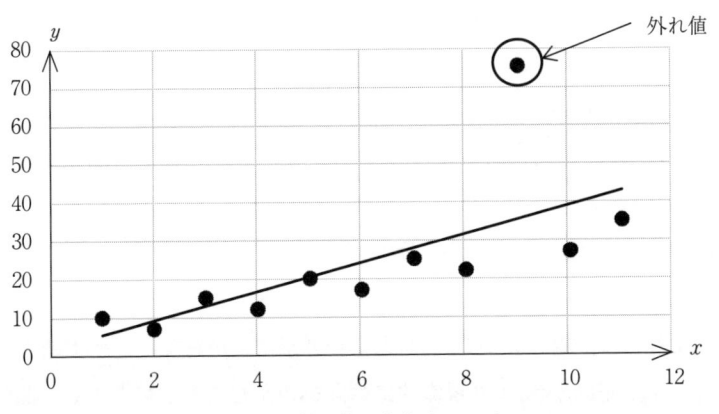

**図 6.2** 外れ値の存在イメージ

この外れ値を含めたまま分析を行うと結果を見誤る可能性がある．そのため，外れ値が存在してしまった明確な理由を把握することができれば，この外れ値を外して分析することもありえる．ただし，外れ値が存在する理由を解明できないまま外すことは，得られた結果を恣意的に変容させてしまうことにつながるので十分な注意が必要である．また，2 章において解説した，分散 $s^2$，標準偏差 $s$ を用いて，例えば，$\pm 3\sigma$ の外にある値は外れ値の可能性も高く，外れ値を外してから再分析を行うこともある．

## 6.2 二つの変数の関係性を評価する方法：相関分析

### 6.2.1 相関分析

　二つの変数を散布図で示すことにより，視覚的に二つの変数間の関係をとらえることができる。この二つの変数間の関係を**相関**（correlation）という。散布図は視覚的に二つの関係を把握し分析することはできるが，二つの変数間の関係が強いか弱いか，すなわち関係があるか否かを客観的に判断することはできない。視覚的に判断することができても，分析する人によって分析する結果が異なるようであれば，客観的評価を下すことができない（誰が行っても同じ考察となり，誰が行っても考察の再現性が担保される必要がある）。

　例えば，つぎに示す二つの散布図のうち，**図 6.3** は $x$ 軸の値が大きくなればなるほど $y$ 軸の値も大きくなり，一つの直線で示された部分に値が分布しており，何らかの関係性があるようにも見える。その一方で，**図 6.4** は同じように $x$ 軸の値が大きくなればなるほど，$y$ 軸の値も大きくなるように見えるが，値は図 6.3 に比べて明らかに分散している。この結果を読みとると，人によっては相関があると分析し，人によっては相関がないと分析する。このように，分析する人の主観によって，分析および考察結果が異なることは問題である。

　このように，散布図により視覚的に傾向をつかむことができても，関係があるかどうかは見た目だけでは判断することができない。そこで，客観的評価を

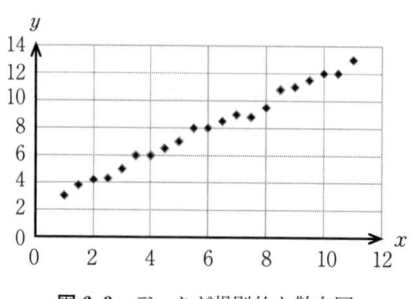

**図 6.3**　データが規則的な散布図

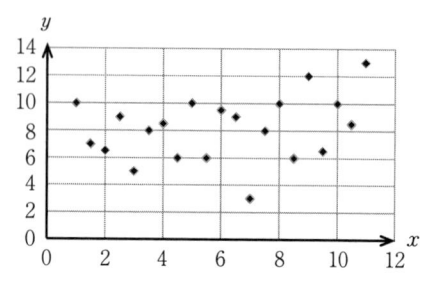

**図 6.4**　データが分散している散布図

## 6.2 二つの変数の関係性を評価する方法：相関分析

行うことが必要であり，客観的評価を数値で表すものが，**相関係数**（correlation coefficient）である。

相関係数は $r$ で示され，$x$ と $y$ の二つの変数間に直線関係（線形関係）があるかを示しているものである。相関係数 $r_{xy}$ は，式（6.1）によって表される。

$$r_{xy} = \frac{S_{xy}}{\sqrt{S_{xx}S_{yy}}} = \frac{\sum_{i=1}^{n}(x_i-\overline{x})(y_i-\overline{y})}{\sqrt{\sum_{i=1}^{n}(x_i-\overline{x})^2 \times \sum_{i=1}^{n}(y_i-\overline{y})^2}} \tag{6.1}$$

ここで，$\overline{x}$：$x$ の平均，$\overline{y}$：$y$ の平均

$S_{xy}$ は偏差積和，$S_{xx}$，$S_{yy}$ は偏差平方和と呼ばれる。

$r$ は $-1$ 以上 $+1$ 以下（$-1 \leqq r \leqq +1$）の値をとり，$x$ 軸の値が大きくなればなるほど $y$ 軸の値も大きくなるときに $+$（プラス）の値をとることを**正の相関**と呼び，$r = +1$ に近ければ近いほど $x$ と $y$ の間に強い直線関係があることを示す（図 6.5）。

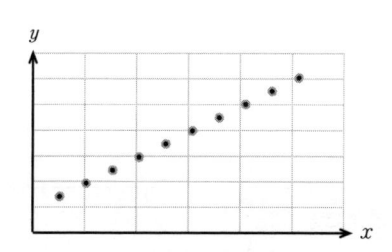

**図 6.5** 正の相関

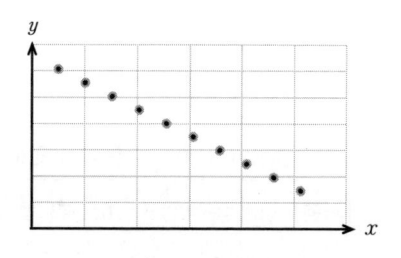

**図 6.6** 負の相関

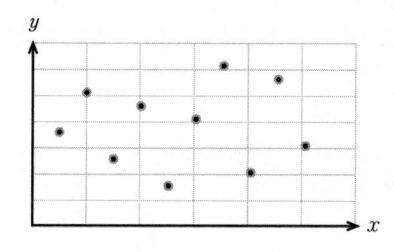

**図 6.7** 無 相 関

その逆に，$x$軸の値が大きくなればなるほど，$y$軸の値が小さくなるときに，−（マイナス）の値をとることを**負の相関**と呼び，$r=-1$に近ければ近いほど$x$と$y$の間に強い直線関係があることを示す（**図 6.6**）。$r=0$は$x$と$y$の間に関係がないことを示しており，**無相関**とも呼ばれている（**図 6.7**）。相関係数$r$に示される2変数間の関係の解釈イメージについて**表 6.2**に示すが，$r=\pm1$に近ければ2変数間の相関は強く，$r=0$に近ければ2変数間の相関は弱い。

表 6.2　相関係数解釈のイメージ

| 相関係数 $r$ | | 2変数間の関係 | |
|---|---|---|---|
| +1に近い | | 相関が強い | 正の相関：$x$軸の値が大きくなると$y$軸の値も大きくなる |
| 0に近い | | 相関が弱い | |
| 0 | | 相関がない | 無相関 |
| 0に近い | | 相関が弱い | 負の相関：$x$軸の値が大きくなると$y$軸の値は小さくなる |
| −1に近い | | 相関が強い | |

【**例題 6.2**】　表 6.1に示された都市の人口と交通事故件数の二つの変数間の相関係数を求め，関係の程度を述べよ。

【**解答**】　相関係数は式（6.1）により求めることができる。

$S_{xy} = (2\,629 - 1\,478) \times (16\,045 - 8\,710) + \cdots + (841 - 1\,478) \times (3\,553 - 8\,710)$
$= 22\,849\,364$

$S_{xx} = (2\,629 - 1\,478)^2 + \cdots + (841 - 1\,478)^2 = 3\,188\,053$

$S_{yy} = (16\,045 - 8\,710)^2 + \cdots + (3\,553 - 8\,710)^2 = 188\,552\,202$

$r = \dfrac{22\,849\,364}{\sqrt{3\,188\,053 \times 188\,552\,202}} = 0.93$

相関係数は0.93であり，人口と交通事故件数の関係は強いといえる。なお，参考までに算出過程を**表 6.3**に示す。

6.2 二つの変数の関係性を評価する方法：相関分析　　155

表6.3　相関係数の算出過程

| 都市 | $x$<br>人口〔千人〕 | $y$<br>交通事故件数 | $(x_i-\bar{x})$ | $(y_i-\bar{y})$ | $(x_i-\bar{x})(y_i-\bar{y})$ | $(x_i-\bar{x})^2$ | $(y_i-\bar{y})^2$ |
|---|---|---|---|---|---|---|---|
| A市 | 2 629 | 16 045 | 1 151 | 7 335 | 8 442 197 | 1 324 571 | 53 806 626 |
| B市 | 2 215 | 17 021 | 737 | 8 311 | 6 124 597 | 543 022 | 69 077 708 |
| C市 | 1 881 | 8 055 | 403 | −655 | −263 779 | 162 328 | 428 632 |
| D市 | 1 525 | 9 692 | 47 | 982 | 46 070 | 2 200 | 964 913 |
| E市 | 1 468 | 9 342 | −10 | 632 | −6 386 | 102 | 399 803 |
| F市 | 1 176 | 6 995 | −302 | −1 715 | 518 011 | 91 264 | 2 940 196 |
| G市 | 1 104 | 6 793 | −374 | −1 917 | 717 037 | 139 951 | 3 673 739 |
| H市 | 1 018 | 5 030 | −460 | −3 680 | 1 693 030 | 211 692 | 13 540 192 |
| I市 | 924 | 4 571 | −554 | −4 139 | 2 293 254 | 307 027 | 17 128 838 |
| J市 | 841 | 3 553 | −637 | −5 157 | 3 285 334 | 405 896 | 26 591 555 |
| 平均 | 1 478 | 8 710 | | | 22 849 364 | 3 188 053 | 188 552 202 |

◇

### 6.2.2　相関分析を用いてわかることの解釈の注意

相関係数を示すことにより，二つの変数の強弱を客観的に把握することができるが，その値だけで判断することには注意が必要である．ここでは，その注意事項について述べる．なお，土木・交通現象を分析するうえでは，問題意識からのアプローチと数的根拠からのアプローチが必要であり，その両者が調和しなくてはならない．そのため，相関係数 $r$ や後述する決定係数 $R^2$ のような数的根拠だけでなく，何を目的に二つの変数を分析しようとしたかの問題意識を踏まえたうえで，数的に示された客観的データの妥当性を確認する必要がある．

〔1〕**データの値の数：無相関検定**　相関係数が高い結論が得られても，そもそもデータ数が少なければ当然信頼度が高いとはいえない．例えば，二つの値であれば，当然のことながら，その二つの値を直線で結んで判断することとなるので，相関は1となってしまう（**図6.8**）．

**図6.8** データの数

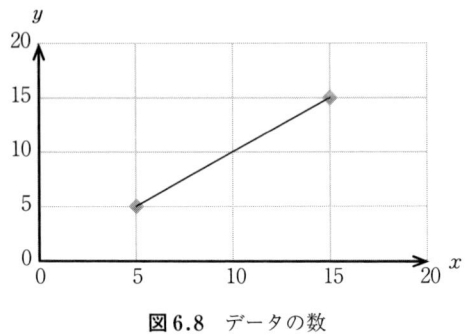

そこで，得られた相関係数が信頼できるか検定し判定する必要がある。このような検定を**無相関検定**という。

$$t_0 = \frac{r\sqrt{n-2}}{\sqrt{1-r^2}} \tag{6.2}$$

$t_0$ が，自由度 $n-2$ の $t$ 分布に従う確率変数とみなすことができ，$t$ 検定により相関係数の有意性を確認することができる（式 (6.2)）。得られた $t_0$ と有意水準5%の $t$ 分布より判断する。

---

**【例題6.3】** 表6.1に示された都市の人口と交通事故件数の二つの変数間の相関係数の信頼性について，有意水準5%で無相関検定を行い，有意性について検定せよ。

---

【解答】

$$t_0 = \frac{0.932\sqrt{10-2}}{\sqrt{1-0.932^2}} = 7.273$$

$n=10$ であり，自由度8（10-2），$\alpha=0.025$ の場合，巻末の付録に収録した $t$ 分布表（付表3）より，臨界値 $t_{0.025, 8} = 2.306$ となる。ゆえに，$t_0 > t(0.025)$ であり，相関係数の信頼性が高いといえる。　　　　　　　　　　　　　　　　　◇

〔2〕**相関関係の解釈：因果関係**　　同じ規模の工事が20件あったとき，$x$ 軸に工事作業者数，$y$ 軸に工事期間とした場合，工事作業者数が多いほど工事期間が短くなるということは考えられる。しかしながら，本当に工事作業者数が多いほど工事期間が短くなるか否かは，実際に散布図を作成し，相関係数

$r$ を算出し,その結果を踏まえて客観的に分析することにより説得力が担保される。

一方で,相関係数 $r$ を算出し,その結果だけで二つの変数の関係性を述べることには,じつは問題がある。

例えば,ある観光地に居住する小学生数を $x$ とし,観光客数を $y$ としたとき,散布図を作成し,相関係数 $r$ を求めた結果,正の強い相関が見られたとする。この結果を単純に読み込むと,小学生が多ければ観光客も増え,小学生と観光客数に強い相関が見られる分析となる。はたしてこの分析結果でよいのだろうか。数値的には強い相関が認められたとしても,小学生の数が観光客に影響を及ぼしているとは一般的に考えにくい。たまたま相関関係は認められても**因果関係**(causality)があるとはいえない。

一方,ある観光地の自動車駐車台数を $x$,観光客数を $y$ としたとき,散布図を作成し,相関係数 $r$ を求めた結果,正の強い相関が見られた。これは,観光地の自動車駐車台数が増えれば,観光客数も増えることを意味し,観光客数に自動車駐車台数が影響していると考えられ,因果関係も認められる。

相関係数 $r$ は,$x$ と $y$ といった二つの変数があれば算出することができ,二つの変数間の関係を数的(線形回帰)に示したにすぎないことに注意すべきである。同様に,後述の回帰分析においても,決定係数 $R^2$ が 1 に近いという結果から,単純に回帰直線の当てはまりが高く,被説明変数 $y$ を説明変数 $x$ で説明できると判断するのは問題である。分析において重要なことは,算出された結果のみでただ単に判断するのではなく,二つの変数で分析する目的と意味を踏まえたうえで,最適な分析方法をとることである。問題意識からのアプローチと数的根拠からのアプローチが相まって,初めて意味をなす分析結果となる。どちらか一方のみでは不十分である。そのため,二つの変数の関係を把握し,分析・考察を行う目的を理解しておくことが重要である。

〔3〕 **相関関係の解釈:疑似相関** $x$ と $y$ の二つの変数に相関関係があるとき,さらに因果関係が存在する場合においては,$x$ が $y$ に影響を及ぼしている,もしくは $y$ の支配要因として $x$ が存在しているといえる。その逆に,$y$ が

$x$ に影響を及ぼしているともいえる。

これに対して，$x$ と $y$ の二つの変数に因果関係が認められなくても，$x$ と $y$ に共通してひそむ $z$ という変数を介して，高い相関が認められることがある。このような相関を**疑似相関**という。

例えば，ある観光地において，温泉まんじゅうの売上げと漬物の売上げに相関があったとする。この結果では，温泉まんじゅうと漬物の売上げには関係があると分析することができるが，その背後には，温泉まんじゅうの売上げと漬物の売上げに共通してひそむ観光客数が影響していることが考えられる。そのため，直接的に関係がないと思えても，二つの変数にひそむ別な1変数によって，二つの変数が結びつくこともある。

客観的に判断する方法として**偏相関係数**を用いる方法がある。変数 A，B の二つの変数にひそむ変数 C の影響力を除いた，変数 A，B の相関が偏相関係数であり，下記で示される。

$$r_{AB \cdot C} = \frac{r_{AB} - r_{AC} r_{BC}}{\sqrt{1 - r_{AC}^2} \sqrt{1 - r_{BC}^2}} \tag{6.3}$$

〔4〕 **相関関係の解釈：グループの違いによる関係の違い**　二つの変数をまとめて示した場合，たとえ相関が見られなくても，グループに分けることにより相関が見られることもある。

**図 6.9** と**図 6.10** は同じものであるが，図 6.10 に示すように二つのグループに分けて分析すると，じつは相関係数は異なる。このように本来であれば

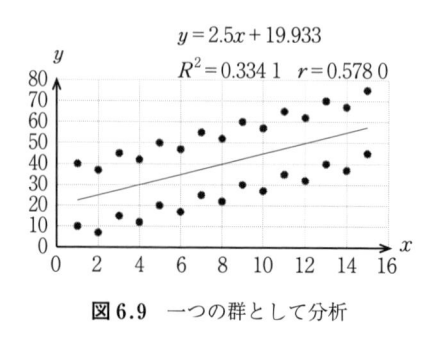

図 6.9　一つの群として分析　　　　　図 6.10　二つの群に分け分析

データ内に二つのグループが存在しているにもかかわらず，図6.9のように一つのグループとして分析することにより正しい相関を得ることができない場合もある．

**図6.11**に容積率と平均乗降客数の関係を示すが，じつは上段のグループは鉄道乗換駅であり，下段のグループは鉄道乗換駅ではない．このように，グループの違いが包含されている場合もあることから，データの背後にあるグループを見定めて分析する必要がある．

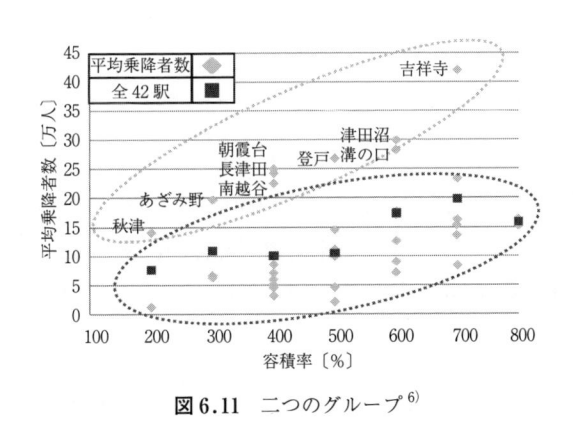

**図6.11** 二つのグループ[6)]

## 6.3 二つの変数の従属関係を分析する：回帰分析

### 6.3.1 線 形 回 帰

散布図は，$x$ と $y$ の二つの変数をプロットしたものである．このうち，変数 $y$ を変数 $x$ で示し分析する方法を**回帰分析**（regression analysis）または**単回帰分析**（simple regression analysis）という．ここでは，2変数を直線で示す線形の回帰分析について説明する．

6.1節で示した人口と交通事故件数の散布図を見ると，人口 $x$ の値が増えるに従って交通事故件数 $y$ の値も増え，右肩上がりの1本の直線で代表されるように見える（**図6.12**）．

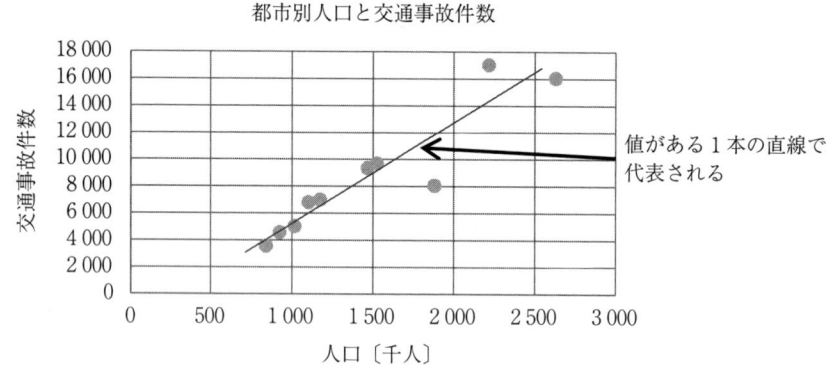

**図6.12 散 布 図**

この1本の直線で代表される2変数の関係を分析し,さらに代表される直線の式を**回帰式**(**回帰方程式**, regression equation)といい,回帰式は $y = a + bx$ で示すことができる。このことを**線形回帰**(linear regression)といい,人口 $x$ を**説明変数**(**独立変数**, independent variable),交通事故件数 $y$ を**被説明変数**(**目的変数**または**従属変数**, dependent variable)という。$a$ は定数項,$b$ はパラメータであり,$a$ は切片(intercept),係数 $b$ は**回帰係数**(regression coefficient)と呼ばれる。

この回帰式を求めることができ,その式の精度も高いことを証明できれば予測に用いることができる。例えば,人口 120 万人の都市の交通事故件数も予測することができる。

ここで,回帰式 $y = a + bx$ について,**最小二乗法**(method of least squares)を用いて求める方法を説明する。この最小二乗法は,実際の点である実測値(観測値)と回帰直線上の予測値(理論値)との距離が最小になる線形式 (6.4) を求める手法である(**図6.13**)。被説明変数 $y$ は実測値であり,それに対して $y$ の予測値(理論値)を $\hat{y}$ と呼ぶ。$y$ は回帰直線上の点であり,実測値である $x$ と,推計値 $a$, $b$ で示される。

$$\hat{y} = a + bx \tag{6.4}$$

回帰直線が最もよく $x$ と $y$ の関係を表現する,すなわち,実際の点と回帰

## 6.3 二つの変数の従属関係を分析する：回帰分析

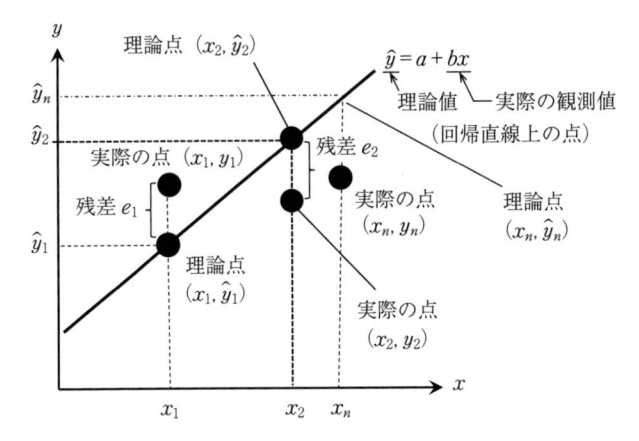

**図6.13** 理論値 $\hat{y}$ と実際の観測値 $y$ の違いと残差

直線上の点との距離が最小となる直線を引く $a$, $b$ を求めるために，残差を定義する（式 (6.4)）。残差はプラスの値のみならず，マイナスの値をとることもあることから，二乗して合計をとる（式 (6.5)）。さらに式 (6.5) が最小になる $a$, $b$ を求める。具体的には，$a$ と $b$ に関する偏微分を行い，0 となる連立方程式を解く（式 (6.6), 式 (6.7)）。

$$e_i = y_1 - \hat{y}_1 \cdots e_n = y_n - \hat{y}_n \tag{6.5}$$

$$L = \sum_{i=1}^{n} e_i^2 = \sum_{i=1}^{n} (y_i - \hat{y}_i)^2$$

$$= \sum_{i=1}^{n} \{y_i - (a + bx_i)\}^2$$

$$\frac{\partial L}{\partial a} = -2 \sum_{i=1}^{n} \{y_i - (a + bx_i)\} = 0 \tag{6.6}$$

$$\frac{\partial L}{\partial b} = -2 \sum_{i=1}^{n} \{y_i - (a + bx_i)\} x_i = 0 \tag{6.7}$$

その結果，$a$, $b$ は，式 (6.8), 式 (6.9) で示される。

$$a = \bar{y} - b\bar{x} \tag{6.8}$$

$$b = \frac{\sum_{i=1}^{n} x_i y_i - n\overline{xy}}{\sum_{i=1}^{n} x_i^2 - n\overline{x}^2} = \frac{\sum_{i=1}^{n}(x_i - \overline{x})(y_i - \overline{y})}{\sum_{i=1}^{n}(x_i - \overline{x})^2} = \frac{S_{xy}}{S_{xx}} \tag{6.9}$$

$a$, $b$ の算出においては,必要となる平均値,偏差平方和($S_{xx}$, $S_{yy}$),$x$ と $y$ の偏差積和 $S_{xy}$ から求めることができる。なお,算出された $a$, $b$ の符号に注意する必要があり,例えば,$b$ が負の値であれば,$x$ が大きい値をとるに従って $y$ の値が小さくなる傾向を示すこととなる。

### 6.3.2 決定係数

二つの変数があれば,回帰式 $y = a + bx$ で示すことはできる。しかしながら,回帰式の精度が低ければ,算出された式は,式としては表されていても実際に使うことはできない。そのため,回帰式の精度について求め,その式の妥当性を判断し,そのうえで分析を行う必要がある。

図 6.14,図 6.15 の両者とも,$x$ 軸の値が大きくなればなるほど $y$ 軸の値も大きくなる傾向は同じであるが,分散の状況は異なっており,図 6.15 は回帰式を示すことはできても説明力は低く,関係性を説明できるとはいえない。

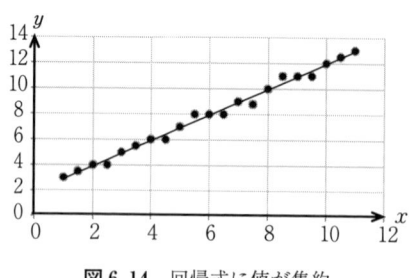

**図 6.14** 回帰式に値が集約

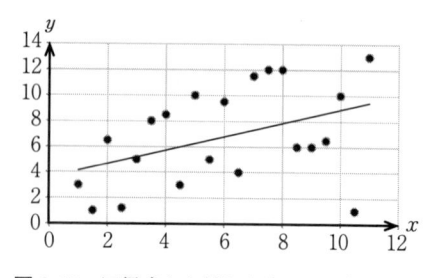

**図 6.15** 回帰式から離れたところに値が分布

図 6.14 は $x$ 軸の値が大きくなればなるほど $y$ 軸の値も大きくなり,一つの直線で示された部分に値が分布している。図 6.15 も同じように,$x$ 軸の値が大きくなればなるほど $y$ 軸の値も大きくなっているが,値は図 6.14 に比べて

6.3 二つの変数の従属関係を分析する：回帰分析

一つの直線で示された部分に分布していない。

そのため，求めた回帰式の精度を客観的指標から判断することが必要である。その客観的指標が，**決定係数**（coefficient of determination）である。決定係数 $R^2$ の算出方法を式（6.10）に示す。

$$R^2 = \frac{S_{xy}^2}{S_{xx}S_{yy}} \tag{6.10}$$

決定係数 $R^2$ は回帰式の精度，すなわち，当てはまり具合を示しているものであり，決定係数 $R^2$ は，$0 \leq R^2 \leq 1$ の範囲をとる。決定係数 $R^2$ が1に近ければ近いほど回帰式の精度は高く，実測値 $x$ を回帰式に代入することによって求められた理論値 $y$ の値は，実際の値と近く，説明力が高いといえる。決定係数 $R^2 = 1$ ということは残差0であり，実測値 $x$ を代入し求められた理論値 $y$ は，そのまま実際に求められる値であるといえる。その逆に，決定係数 $R^2$ が0に近ければ近いほど回帰式の精度は低く，実測値 $x$ を回帰式に代入し求められた $y$ の値は，実際に求められる値とかけ離れており，説明力に乏しいことを示している。なお，$R^2$ の平方根をとったものが相関係数 $r$ である。

$$r = \frac{S_{xy}}{\sqrt{S_{xx}S_{yy}}} \tag{6.11}$$

### 6.3.3 回帰係数の検定：$t$ 検定

最小二乗法により，回帰係数 $b$ を算出することができるが，そのパラメータの信頼度を確認する必要がある。そこで，算出されたパラメータ $b$ の検定を行い，説明変数 $x$ が被説明変数 $y$ に影響を与えているか検定する。これに用いられるのが $t$ 検定であり，パラメータ $b$ の $t$ 値を算出して有意性を判断する。$t$ 値は，自由度 $n-2$ の $t$ 分布に従うとされており，算出された $t$ 値について，分布の自由度と有意水準からパラメータの有意性を確認する。

最小二乗法により算出された回帰式 $y = a + bx$ は観測値 $\{(x_1, y_1), (x_2, y_2), \cdots, (x_n, y_n)\}$ により算出された推定回帰式 $y = a + bx$ に過ぎず，真の回帰式 $y = \alpha + \beta x$ で存在する。そして，$\beta = 0$ であるという仮説 $H_0 : \beta = 0$ のもとで検

定を行い，$\beta=0$ であれば説明変数 $x$ は被説明変数 $y$ に影響を及ぼさないことを示し，$\beta \neq 0$ であれば仮説は破棄され，説明変数 $x$ は被説明変数 $y$ に影響を及ぼすことを意味する。この仮説が正しいときに，パラメータ $b$ の $t$ 値 ($t_{b0}$) は式 (6.12) で示される。$S_{xx}$ は説明変数 $x$ の偏差二乗和であり，$\hat{\sigma}^2$ は残差分散である。$\hat{u}_i$ は残差であり，被説明変数の実績値と理論値の差である。

$$t_{b0} = \frac{b}{\sqrt{\dfrac{\hat{\sigma}^2}{S_{xx}}}} \tag{6.12}$$

$$\hat{\sigma}^2 = \frac{\sum_{i=1}^{n} \hat{u}_i^2}{n-2} \tag{6.13}$$

【例題 6.4】 表 6.1 に示された都市の人口と交通事故件数について，人口を独立変数（説明変数）$x$，交通事故件数を従属変数（被説明変数）$y$ として，最小二乗法を用いて回帰直線 $y = a + bx$ の $a$ と $b$ を求めよ。さらに，決定係数を求め，示された回帰式の説明力の程度を述べよ。あわせて $b$ の有意性について検定せよ。最後に得られた回帰式を用いて，人口 120 万人の都市の交通事故件数を推計せよ。

【解答】 まず，平均値 $\bar{x}$，$\bar{y}$ を求める。

$$\bar{x} = \frac{2\,629 + \cdots + 841}{10} = 1\,478$$

$$\bar{y} = \frac{16\,045 + \cdots + 3\,553}{10} = 8\,710$$

つぎに偏差二乗和 $S_{xx}$，偏差の積の和 $S_{xy}$ を求める。

$$S_{xx} = (2\,629 - 1\,478)^2 + \cdots + (841 - 1\,478)^2 = 3\,188\,053$$

$$S_{xy} = (2\,629 - 1\,478) \times (16\,045 - 8\,710) + \cdots + (841 - 1\,478) \times (3\,533 - 8\,710)$$
$$= 22\,849\,364$$

最後に $a$，$b$ を求める。

## 6.3 二つの変数の従属関係を分析する：回帰分析

$$b = \frac{S_{xy}}{S_{xx}} = \frac{22\,849\,364}{3\,188\,053} = 7.17$$

$\overline{y} = a + b\overline{x}$ より

$a = \overline{y} - b\overline{x} = 8\,710 - 7.17 \times 1\,478 = -1\,887$

決定係数 $R^2$ は，$S_{xy}{}^2 / (S_{xx} \times S_{yy})$ で求めることができることから

$S_{yy} = (16\,045 - 8\,710)^2 + \cdots + (3\,553 - 8\,710)^2 = 188\,552\,202$

$$R^2 = \frac{(22\,849\,364)^2}{3\,188\,053 \times 188\,552\,202} = 0.87$$

決定係数 $R^2$ は1に近いほど回帰式の当てはまりがよいため，今回求めた回帰式の当てはまりはよいといえる．また，$b$ の $t$ 値は 7.27（Excel の［分析ツール］の［回帰分析］より算出，6.5.3項（図6.21）に結果を表示）であり，自由度 8（10－2），$\alpha = 0.025$ の場合，$t_{0.025, 8} = 2.306$ であり，算出された $b$ の信頼度は高く，被説明変数に有意な影響を示すものである．

なお，相関係数は，$r = \sqrt{R^2}$ で示されることから，$r = \sqrt{0.87} = 0.93$ となる．

最後に，人口 120 万人（1 200 千人）の都市の交通事故件数を推計する．

$y = a + bx = -1\,887 + 7.17 \times 1\,200 = 6\,717$

よって，人口 120 万人の都市では，6 717 件の交通事故件数であると予想される．参考までに，**図 6.16** に Excel にて作成した散布図に回帰式を加えたものを示す．実際の示し方は，6.5.3項にて説明する．

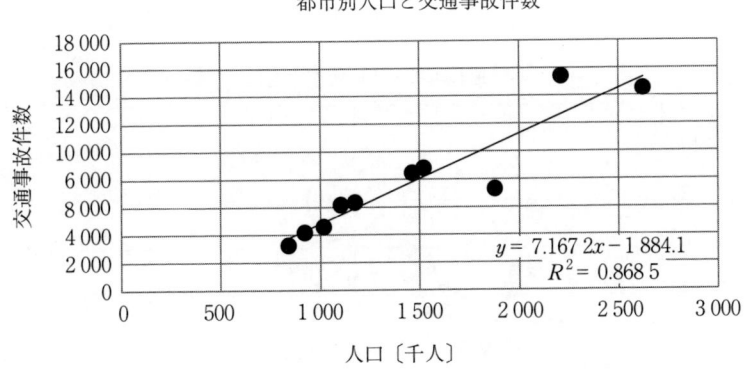

**図 6.16** 回帰式を挿入した散布図　　◇

### 6.3.4 線形回帰以外の回帰分析

前項までは，一つの直線に代表できるとした回帰分析について説明したが，直線回帰で適切に表現することができるとは限らない。実測データを散布図に示し眺めたうえで，非線形の式で説明できることもある。**非線形回帰**（non-linear regression）としては，下記に示すように多項式 $x+x^2$ や指数関数 $e^x$，対数関数 $\ln x$ がある。多項式，指数関数，対数関数で示す場合は，後述するExcelの近似曲線の書式設定を用いると容易に示すことができる。

ここでは実際に，国土交通省において，多項式，指数関数，対数関数を用いた図を示す（**図6.17～6.19**）。

図6.17は，被説明変数（$y$軸）がバス運行本数であり，説明変数（$x$軸）が人口密度平均値である。バス運行本数と人口密度平均値との関係は，多項式 $y=-0.0103x^2+2.1795x-23.408$ で示すことができ，人口密度平均値が低ければバス運行本数も少ないことを示している。

図6.18は，被説明変数（$y$軸）が市民1人当りの自動車 $CO_2$ 排出量であり，説明変数（$x$軸）がDID人口密度である。DID人口密度と市民1人当りの自動車 $CO_2$ 排出量は，回帰式 $y=2.1343e^{-0.019x}$ で示すことができ，DID人口密度が高いほど，市民1人当りの自動車 $CO_2$ 排出量が低く，DID人口密度が低い

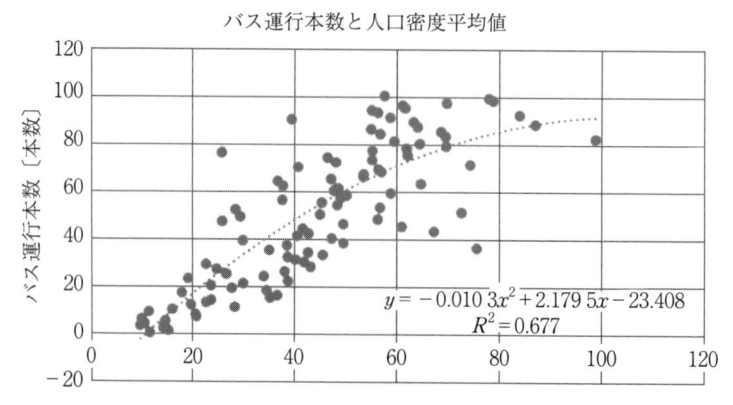

**図6.17 多項式を用いた例**[7]

市民1人当りの自動車 $CO_2$ 排出量〔$t$-$CO_2$/ 年〕

$y = 2.1343e^{-0.019x}$
$R^2 = 0.5371$

DID 人口密度〔人/ha〕

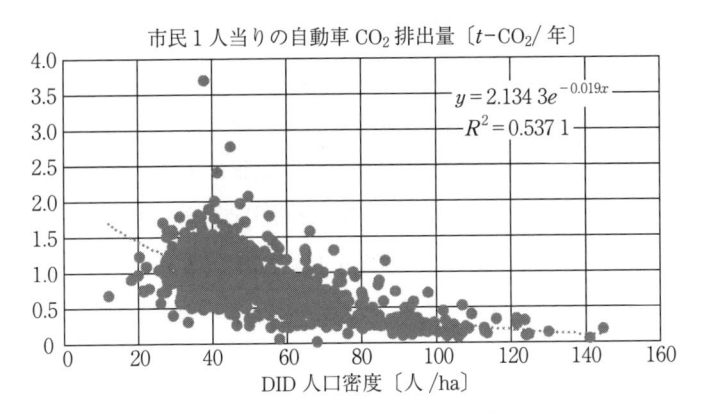

**図6.18** 指数関数を用いた例[8]

ほど市民1人当りの自動車 $CO_2$ 排出量が高いことがいえる。なお DID とは，人口集中地区（densely inhabited district）のことであり，人口密度40人/ha 以上の国勢調査区が連担している5 000人以上を有する地域であり，DID 地区はすでに市街地を形成している地域（既成市街地）とも呼ばれる。

図6.19は，被説明変数（$y$ 軸）が1人当りの歳出額（行政コスト）であり，

市町村の人口密度と行政コスト（H18−20）

ln（1人当り歳出額）

人口密度が小さいほど，1人当りの行政コストは増大

$y = -1.05\ln(x) + 7.8437$
$R^2 = 0.6719$

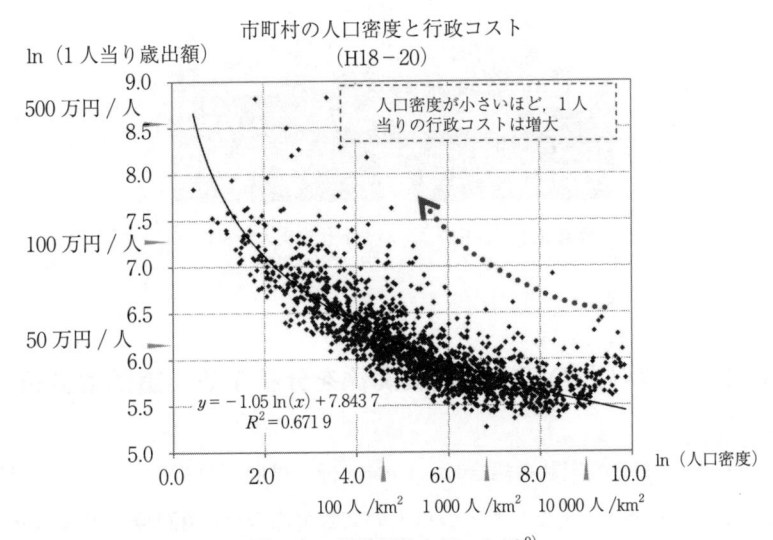

ln（人口密度）

100人/km² 　1 000人/km² 　10 000人/km²

**図6.19** 対数関数を用いた例[9]

説明変数（$x$ 軸）が市町村の人口密度である．市町村の人口密度と行政コストの関係は，回帰式 $y = -1.05 \ln(x) + 7.8437$ で示すことができ，人口密度が高いほど行政コストは低く，人口密度が低いほど行政コストが高いことがわかる．

なお，2014 年 8 月の都市再生特別措置法の改正により，立地適正化計画を定め，居住機能誘導地区，都市機能誘導地区を定め，都市のコンパクト化を図る政策が展開されることとなった（**写真 6.1**）．その背景には人口密度が低いほど行政コストが高く，$CO_2$ 排出量も高いことから，都市機能が高密度に集積されたエリアに人口を集約させることが良策であること，また図 6.17 に示したように人口密度が低いエリアではバスといった公共交通のサービスが低く，結果として自動車を使わざるを得ず，$CO_2$ 排出量も増えてしまうことにつながる．図 6.17 ～ 6.19 のような散布図を作成し，さらに回帰分析を行った結果が施策に反映されている．

**写真 6.1** 都市のコンパクト化を支える富山ライトレールとバス（岩瀬浜）

## 6.4 三つ以上の変数の従属関係を分析する：重回帰分析

$x$, $y$ の二つまでの変数の場合は，回帰分析（単回帰分析）で示すことができる．二つより多い，すなわち三つ以上の変数の場合は，**重回帰分析**（multiple

## 6.4 三つ以上の変数の従属関係を分析する：重回帰分析

regression analysis）で示すことができる。2変数は単回帰分析であり，3変数以上を重回帰分析という。具体には，説明変数である$x$が複数となり，重回帰式は下記で表せる。

$$y = a + b_1 x_1 + b_2 x_2 + \cdots + b_n x_n \tag{6.14}$$

式の使い方は，回帰式と同じである。説明変数が複数となることから，係数の$b$が増え，その係数を偏回帰係数（回帰分析は，回帰係数）という。説明変数の数は，2以上でいくつまでという制限はないが，多ければ多いほど決定係数は1に近くなり，重回帰式の説明力が上がる傾向にあるが，相関係数のところで説明したように，因果関係がないものまで説明変数として存在している可能性があり，この点は注意する必要がある。因果関係を踏まえながら，被説明変数を説明するうえで必要な変数であるかを見極めることが重要である。さらに，説明変数どうしの独立性を確認する必要がある。この説明変数どうしの独立性を**多重共線性**といい，重回帰分析の説明変数を選択するうえで重要であり，説明変数間の相関を確認し，相関が高いものどうしを同じ説明変数として取り上げないようにするプロセスを経る必要がある。

なお，説明変数が多くなればなるほど，重回帰式の精度，すなわち決定係数は高くなり，見かけ上，説明力が高くなる。そこで，自由度調整済決定係数を用いて評価することが必要となる。自由度調整を行うことにより，調整前に比べ決定係数の値は小さくなる。

また，重回帰式では，その説明変数が被説明変数に大きな影響を与えるかについて，偏回帰係数だけでは判断できない。尺度の単位がずれていることも当然のことながらあり，尺度の標準化を行い，偏回帰係数は被説明変数に与える影響について考察する必要がある。偏回帰係数を標準化したものを標準偏回帰係数$\beta$といい，標準化したい偏回帰係数を$b$，説明変数の標準偏差を$s_x$，被説明変数の標準偏差を$s_y$とすると，$\beta$は式（6.15）で示される。

$$\beta = b \times \frac{s_x}{s_y} \tag{6.15}$$

## 6.5 Excelを用いた回帰分析

### 6.5.1 散布図

Excelでは，まず，散布図を作成したい2変数$x$, $y$を指定する．その後，[挿入]をクリックし，[グラフ]の中にある[散布図]を選択することにより作成できる．

### 6.5.2 相関分析

Excelの**PEARSON関数**を用いると，相関係数は簡単に算出することができる．タブで数式を選択し，関数の挿入の検索に「相関係数」を入力し，検索された関数のうち，[PEARSON（ピアソンの積率相関係数$r$）]を選択する．そして，配列1に$x$変数，配列2に$y$変数の範囲を選択することにより，相関係数が算出される．

なお，Excelでは関数による求め方と，[データ]をクリックし，[分析ツール]より相関係数を求める方法がある（**図6.20**）．

|  | 人口<br>(千人) | 交通事故<br>件数 |
|---|---|---|
| 人口<br>(千人) | 1 |  |
| 交通事故<br>件数 | 0.931956 | 1 |

図 6.20　Excel[分析ツール]を用いた相関係数の算出結果

### 6.5.3 回帰分析

Excelでは，分析ツールにより回帰式を求めることができる．まず，[データ]の中にある，[分析ツール]をクリックし，その中にある，[回帰分析]を選択し，被説明変数$y$，説明変数$x$の範囲を指定することで，分析結果を表示することができる（**図6.21**）．

なお，Excelでは作成した散布図のデータをクリックすることで，回帰式と決定係数を示すことができる．まず，散布図に示されている任意の値の上で右

## 6.5 Excelを用いた回帰分析

概要

| 回帰統計 | |
|---|---|
| 重相関 R | 0.931956 |
| 重決定 R2 | 0.868543 |
| 補正 R2 | 0.85211 |
| 標準誤差 | 1760.205 |
| 観測数 | 10 |

分散分析表

| | 自由度 | 変動 | 分散 | 測された分散 | 有意 F |
|---|---|---|---|---|---|
| 回帰 | 1 | 1.64E+08 | 1.64E+08 | 52.85621 | 8.63E-05 |
| 残差 | 8 | 24786586 | 3098323 | | |
| 合計 | 9 | 1.89E+08 | | | |

| | 係数 | 標準誤差 | t | P-値 | 下限 95% | 上限 95% | 下限 95.0% | 上限 95.0% |
|---|---|---|---|---|---|---|---|---|
| 切片 | -1884.12 | 1559.846 | -1.20789 | 0.261584 | -5481.13 | 1712.896 | -5481.13 | 1712.896 |
| 人口（千人） | 7.167185 | 0.985827 | 7.270228 | 8.63E-05 | 4.893864 | 9.440505 | 4.893864 | 9.440505 |

**図 6.21** 回帰分析ツールを用いた結果

クリックする（**図 6.22**）．表示されるメニューの中にある［近似曲線の追加］を選択すると，近似曲線の書式設定メニューが示される（**図 6.23**）．直線回帰であれば［線形近似］を選択し，さらに［グラフに数式を表示する］［グラフにR-2を表示する］をチェックすれば，散布図上に回帰式と決定係数が示される（図 6.16）．

なお，この近似曲線メニューを用いることにより，線形回帰だけでなく，非線形回帰や2章で説明した移動平均も作成することができる．

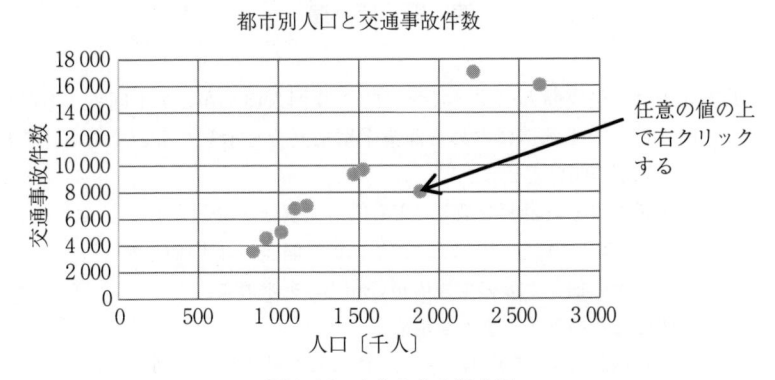

**図 6.22** もととなる散布図

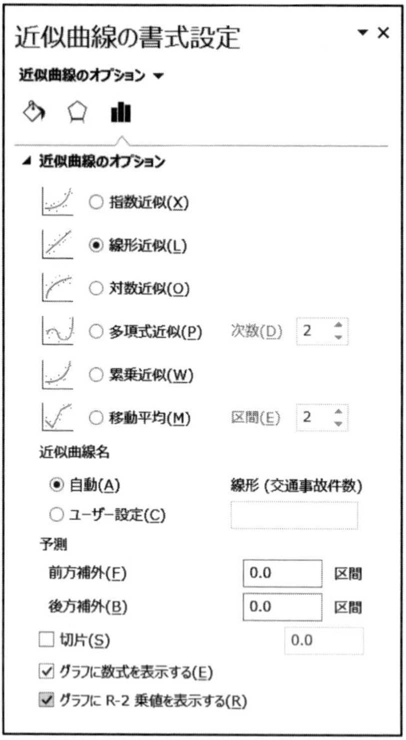

図 6.23 近似曲線メニューの表示

## 演習問題

【1】 **問表 6.1** は，昼夜間人口比（昼間人口／夜間人口）が 1 を下回る，ある都市の夜間人口とその都市に占める商業系用途割合を示したものである。これについて，以下の問に答えよ。

(1) 夜間人口を被説明変数 $y$，商業系用途割合を説明変数 $x$ とし，$x$ の偏差（平均値との差）の二乗和 $S_{xx}$，$y$ の偏差（平均値との差）の二乗和 $S_{yy}$，$x$ の偏差と $y$ の偏差の積の和 $S_{xy}$ を求めよ。

(2) 切片 $a$ とパラメータ $b$ を求めよ。

(3) 決定係数 $R^2$ を求めよ。そして得られた結果から，回帰式の当てはまりの良否を判定し，この回帰式からいえることを簡素に述べよ。

## 演習問題

**問表 6.1**

| 区 | A | B | C | D | E | F | G | H | I | J | K |
|---|---|---|---|---|---|---|---|---|---|---|---|
| 商業系用途割合 | 8.1% | 10.7% | 8.3% | 12.7% | 12.6% | 20.0% | 14.0% | 7.8% | 22.4% | 10.4% | 22.1% |
| 夜間人口〔千人〕 | 716 | 679 | 443 | 550 | 683 | 315 | 536 | 877 | 336 | 693 | 203 |

【2】 問表 6.2 は，複数の地域の人口と交通量との関係を示したものである。これについて，以下の問に答えよ。

**問表 6.2**

| 地域 | A | B | C | D | E |
|---|---|---|---|---|---|
| $x$：人口〔万人〕 | 2 | 3 | 8 | 9 | 13 |
| $y$：交通量〔万トリップ〕 | 5 | 7 | 21 | 22 | 30 |

（1） 人口（$x$ 軸）と交通量（$y$）との関係を散布図に描け。
（2） 交通量を被説明変数，人口を説明変数として回帰分析をせよ。具体的には，最小二乗法を用いて回帰式の係数（$y = a + bx$）を求めよ。また，決定係数 $R^2$ を求め，当てはまりの良否を判定せよ。
（3） 人口が 1 000 人増加したときの交通量の増分を求めよ。
（4） $t$ 値を求めて，パラメータ $b$ の信頼度を述べよ。

【3】 問表 6.3 は，ある開発地区の土地利用計画表と計画人口を示したものである。これについて，以下の問に答えよ。

**問表 6.3**

| 地区 | 地区面積〔ha〕 | 公共用地〔ha〕 | | | 宅地面積〔ha〕 | | | 計画人口〔人〕 |
|---|---|---|---|---|---|---|---|---|
| | | 道路 | 公園 | その他 | 戸建 | 集合 | その他 | |
| A | 120.4 | 21.5 | 6.1 | 2.1 | 52.0 | 25.2 | 13.5 | 19 900 |
| B | 104.7 | 16.9 | 30.2 | 2.8 | 32.7 | 6.6 | 15.5 | 8 000 |
| C | 118.3 | 24.6 | 6.2 | 3.1 | 44.3 | 19.2 | 20.9 | 13 000 |
| D | 137.9 | 25.5 | 8.0 | 3.9 | 56.8 | 24.3 | 19.4 | 20 200 |
| E | 97.2 | 14.4 | 24.3 | 0.5 | 14.1 | 31.0 | 13.1 | 12 000 |
| F | 104.1 | 19.1 | 5.8 | 2.6 | 44.2 | 20.9 | 11.5 | 19 000 |

(1) 計画人口と各変数との相関分析せよ。
(2) 相関分析結果より，計画人口と一番強い関係のある土地利用を示せ。

【4】 問表 6.4 は，ある都市の 24 の土地区画整理事業地区について，事業期間，事業面積，要移転戸数，事業費の相関分析を行った結果である。これについて，以下の問に答えよ。
(1) 相関結果を踏まえ，事業費に影響を及ぼしている要因を考察せよ。
(2) この都市で，新たな土地区画整理事業を検討しているが，予算上の制約がある。事業費を軽減するために有益な方法を相関分析結果より考察せよ。

問表 6.4

|  | 事業期間〔年〕 | 事業面積〔ha〕 | 土地所有権者数〔人〕 | 要移転戸数〔戸〕 | 事業費〔百万円〕 |
|---|---|---|---|---|---|
| 事業期間〔年〕 | 1.00 |  |  |  |  |
| 事業面積〔ha〕 | 0.39 | 1.00 |  |  |  |
| 土地所有権者数〔人〕 | 0.44 | 0.73 | 1.00 |  |  |
| 要移転戸数〔戸〕 | 0.20 | 0.40 | 0.66 | 1.00 |  |
| 事業費〔百万円〕 | 0.24 | 0.67 | 0.52 | 0.70 | 1.00 |

# 付　　　　録

## 付表1　標準正規分布

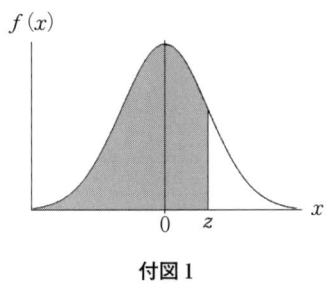

付図1

**付表1　標準正規分布**

| z | .00 | .01 | .02 | .03 | .04 | .05 | .06 | .07 | .08 | .09 |
|---|---|---|---|---|---|---|---|---|---|---|
| 0.0 | 0.5000 | 0.5040 | 0.5080 | 0.5120 | 0.5160 | 0.5199 | 0.5239 | 0.5279 | 0.5319 | 0.5359 |
| 0.1 | 0.5398 | 0.5438 | 0.5478 | 0.5517 | 0.5557 | 0.5596 | 0.5636 | 0.5675 | 0.5714 | 0.5753 |
| 0.2 | 0.5793 | 0.5832 | 0.5871 | 0.5910 | 0.5948 | 0.5987 | 0.6026 | 0.6064 | 0.6103 | 0.6141 |
| 0.3 | 0.6179 | 0.6217 | 0.6255 | 0.6293 | 0.6331 | 0.6368 | 0.6406 | 0.6443 | 0.6480 | 0.6517 |
| 0.4 | 0.6554 | 0.6591 | 0.6628 | 0.6664 | 0.6700 | 0.6736 | 0.6772 | 0.6808 | 0.6844 | 0.6879 |
| 0.5 | 0.6915 | 0.6950 | 0.6985 | 0.7019 | 0.7054 | 0.7088 | 0.7123 | 0.7157 | 0.7190 | 0.7224 |
| 0.6 | 0.7257 | 0.7291 | 0.7324 | 0.7357 | 0.7389 | 0.7422 | 0.7454 | 0.7486 | 0.7517 | 0.7549 |
| 0.7 | 0.7580 | 0.7611 | 0.7642 | 0.7673 | 0.7704 | 0.7734 | 0.7764 | 0.7794 | 0.7823 | 0.7852 |
| 0.8 | 0.7881 | 0.7910 | 0.7939 | 0.7967 | 0.7995 | 0.8023 | 0.8051 | 0.8078 | 0.8106 | 0.8133 |
| 0.9 | 0.8159 | 0.8186 | 0.8212 | 0.8238 | 0.8264 | 0.8289 | 0.8315 | 0.8340 | 0.8365 | 0.8389 |
| 1.0 | 0.8413 | 0.8438 | 0.8461 | 0.8485 | 0.8508 | 0.8531 | 0.8554 | 0.8577 | 0.8599 | 0.8621 |
| 1.1 | 0.8643 | 0.8665 | 0.8686 | 0.8708 | 0.8729 | 0.8749 | 0.8770 | 0.8790 | 0.8810 | 0.8830 |
| 1.2 | 0.8849 | 0.8869 | 0.8888 | 0.8907 | 0.8925 | 0.8944 | 0.8962 | 0.8980 | 0.8997 | 0.9015 |
| 1.3 | 0.9032 | 0.9049 | 0.9066 | 0.9082 | 0.9099 | 0.9115 | 0.9131 | 0.9147 | 0.9162 | 0.9177 |
| 1.4 | 0.9192 | 0.9207 | 0.9222 | 0.9236 | 0.9251 | 0.9265 | 0.9279 | 0.9292 | 0.9306 | 0.9319 |
| 1.5 | 0.9332 | 0.9345 | 0.9357 | 0.9370 | 0.9382 | 0.9394 | 0.9406 | 0.9418 | 0.9429 | 0.9441 |
| 1.6 | 0.9452 | 0.9463 | 0.9474 | 0.9484 | 0.9495 | 0.9505 | 0.9515 | 0.9525 | 0.9535 | 0.9545 |
| 1.7 | 0.9554 | 0.9564 | 0.9573 | 0.9582 | 0.9591 | 0.9599 | 0.9608 | 0.9616 | 0.9625 | 0.9633 |
| 1.8 | 0.9641 | 0.9649 | 0.9656 | 0.9664 | 0.9671 | 0.9678 | 0.9686 | 0.9693 | 0.9699 | 0.9706 |
| 1.9 | 0.9713 | 0.9719 | 0.9726 | 0.9732 | 0.9738 | 0.9744 | 0.9750 | 0.9756 | 0.9761 | 0.9767 |
| 2.0 | 0.9772 | 0.9778 | 0.9783 | 0.9788 | 0.9793 | 0.9798 | 0.9803 | 0.9808 | 0.9812 | 0.9817 |
| 2.1 | 0.9821 | 0.9826 | 0.9830 | 0.9834 | 0.9838 | 0.9842 | 0.9846 | 0.9850 | 0.9854 | 0.9857 |
| 2.2 | 0.9861 | 0.9864 | 0.9868 | 0.9871 | 0.9875 | 0.9878 | 0.9881 | 0.9884 | 0.9887 | 0.9890 |
| 2.3 | 0.9893 | 0.9896 | 0.9898 | 0.9901 | 0.9904 | 0.9906 | 0.9909 | 0.9911 | 0.9913 | 0.9916 |
| 2.4 | 0.9918 | 0.9920 | 0.9922 | 0.9925 | 0.9927 | 0.9929 | 0.9931 | 0.9932 | 0.9934 | 0.9936 |
| 2.5 | 0.9938 | 0.9940 | 0.9941 | 0.9943 | 0.9945 | 0.9946 | 0.9948 | 0.9949 | 0.9951 | 0.9952 |
| 2.6 | 0.9953 | 0.9955 | 0.9956 | 0.9957 | 0.9959 | 0.9960 | 0.9961 | 0.9962 | 0.9963 | 0.9964 |
| 2.7 | 0.9965 | 0.9966 | 0.9967 | 0.9968 | 0.9969 | 0.9970 | 0.9971 | 0.9972 | 0.9973 | 0.9974 |
| 2.8 | 0.9974 | 0.9975 | 0.9976 | 0.9977 | 0.9977 | 0.9978 | 0.9979 | 0.9979 | 0.9980 | 0.9981 |
| 2.9 | 0.9981 | 0.9982 | 0.9982 | 0.9983 | 0.9984 | 0.9984 | 0.9985 | 0.9985 | 0.9986 | 0.9986 |
| 3.0 | 0.9987 | 0.9987 | 0.9987 | 0.9988 | 0.9988 | 0.9989 | 0.9989 | 0.9989 | 0.9990 | 0.9990 |

## 付表2 $\chi^2$分布

付図2

### 付表2 $\chi^2$分布

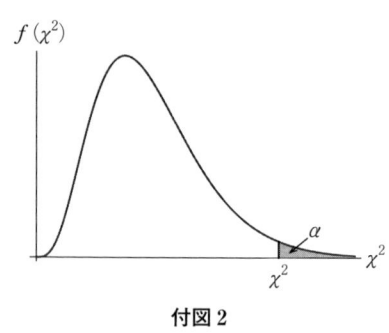

| df \ α | 0.995 | 0.990 | 0.975 | 0.950 | 0.050 | 0.025 | 0.010 | 0.005 |
|---|---|---|---|---|---|---|---|---|
| 1 | 0.0000 | 0.0002 | 0.0010 | 0.0039 | 3.841 | 5.024 | 6.635 | 7.879 |
| 2 | 0.0100 | 0.0201 | 0.0506 | 0.1026 | 5.991 | 7.378 | 9.210 | 10.597 |
| 3 | 0.0717 | 0.1148 | 0.2158 | 0.3518 | 7.815 | 9.348 | 11.345 | 12.838 |
| 4 | 0.2070 | 0.2971 | 0.4844 | 0.7107 | 9.488 | 11.143 | 13.277 | 14.860 |
| 5 | 0.4117 | 0.5543 | 0.8312 | 1.145 | 11.070 | 12.833 | 15.086 | 16.750 |
| 6 | 0.6757 | 0.8721 | 1.237 | 1.635 | 12.592 | 14.449 | 16.812 | 18.548 |
| 7 | 0.9893 | 1.239 | 1.690 | 2.167 | 14.067 | 16.013 | 18.475 | 20.278 |
| 8 | 1.344 | 1.646 | 2.180 | 2.733 | 15.507 | 17.535 | 20.090 | 21.955 |
| 9 | 1.735 | 2.088 | 2.700 | 3.325 | 16.919 | 19.023 | 21.666 | 23.589 |
| 10 | 2.156 | 2.558 | 3.247 | 3.940 | 18.307 | 20.483 | 23.209 | 25.188 |
| 11 | 2.603 | 3.053 | 3.816 | 4.575 | 19.675 | 21.920 | 24.725 | 26.757 |
| 12 | 3.074 | 3.571 | 4.404 | 5.226 | 21.026 | 23.337 | 26.217 | 28.300 |
| 14 | 4.075 | 4.660 | 5.629 | 6.571 | 23.685 | 26.119 | 29.141 | 31.319 |
| 16 | 5.142 | 5.812 | 6.908 | 7.962 | 26.296 | 28.845 | 32.000 | 34.267 |
| 18 | 6.265 | 7.015 | 8.231 | 9.390 | 28.869 | 31.526 | 34.805 | 37.156 |
| 20 | 7.434 | 8.260 | 9.591 | 10.851 | 31.410 | 34.170 | 37.566 | 39.997 |
| 25 | 10.520 | 11.524 | 13.120 | 14.611 | 37.652 | 40.646 | 44.314 | 46.928 |
| 30 | 13.787 | 14.953 | 16.791 | 18.493 | 43.773 | 46.979 | 50.892 | 53.672 |
| 40 | 20.707 | 22.164 | 24.433 | 26.509 | 55.758 | 59.342 | 63.691 | 66.766 |
| 50 | 27.991 | 29.707 | 32.357 | 34.764 | 67.505 | 71.420 | 76.154 | 79.490 |
| 60 | 35.534 | 37.485 | 40.482 | 43.188 | 79.082 | 83.298 | 88.379 | 91.952 |
| 70 | 43.275 | 45.442 | 48.758 | 51.739 | 90.531 | 95.023 | 100.43 | 104.21 |
| 80 | 51.172 | 53.540 | 57.153 | 60.391 | 101.88 | 106.63 | 112.33 | 116.32 |
| 90 | 59.196 | 61.754 | 65.647 | 69.126 | 113.15 | 118.14 | 124.12 | 128.30 |
| 100 | 67.328 | 70.065 | 74.222 | 77.929 | 124.34 | 129.56 | 135.81 | 140.17 |
| 120 | 83.852 | 86.923 | 91.573 | 95.705 | 146.57 | 152.21 | 158.95 | 163.65 |
| 140 | 100.65 | 104.03 | 109.14 | 113.66 | 168.61 | 174.65 | 181.84 | 186.85 |
| 160 | 117.68 | 121.35 | 126.87 | 131.76 | 190.52 | 196.92 | 204.53 | 209.82 |
| 180 | 134.88 | 138.82 | 144.74 | 149.97 | 212.30 | 219.04 | 227.06 | 232.62 |
| 200 | 152.24 | 156.43 | 162.73 | 168.28 | 233.99 | 241.06 | 249.45 | 255.26 |

## 付表 3　$t$ 分布

付図 3

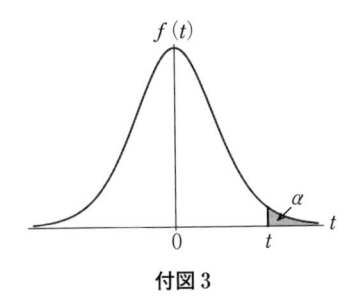

**付表 3**　$t$ 分布

| $df$ \ $\alpha$ | 0.250 | 0.100 | 0.050 | 0.025 | 0.010 | 0.005 | 0.0005 |
|---|---|---|---|---|---|---|---|
| 1 | 1.0000 | 3.078 | 6.314 | 12.706 | 31.821 | 63.657 | 636.619 |
| 2 | 0.8165 | 1.886 | 2.920 | 4.303 | 6.965 | 9.925 | 31.599 |
| 3 | 0.7649 | 1.638 | 2.353 | 3.182 | 4.541 | 5.841 | 12.924 |
| 4 | 0.7407 | 1.533 | 2.132 | 2.776 | 3.747 | 4.604 | 8.610 |
| 5 | 0.7267 | 1.476 | 2.015 | 2.571 | 3.365 | 4.032 | 6.869 |
| 6 | 0.7176 | 1.440 | 1.943 | 2.447 | 3.143 | 3.707 | 5.959 |
| 7 | 0.7111 | 1.415 | 1.895 | 2.365 | 2.998 | 3.499 | 5.408 |
| 8 | 0.7064 | 1.397 | 1.860 | 2.306 | 2.896 | 3.355 | 5.041 |
| 9 | 0.7027 | 1.383 | 1.833 | 2.262 | 2.821 | 3.250 | 4.781 |
| 10 | 0.6998 | 1.372 | 1.812 | 2.228 | 2.764 | 3.169 | 4.587 |
| 11 | 0.6974 | 1.363 | 1.796 | 2.201 | 2.718 | 3.106 | 4.437 |
| 12 | 0.6955 | 1.356 | 1.782 | 2.179 | 2.681 | 3.055 | 4.318 |
| 13 | 0.6938 | 1.350 | 1.771 | 2.160 | 2.650 | 3.012 | 4.221 |
| 14 | 0.6924 | 1.345 | 1.761 | 2.145 | 2.624 | 2.977 | 4.140 |
| 15 | 0.6912 | 1.341 | 1.753 | 2.131 | 2.602 | 2.947 | 4.073 |
| 16 | 0.6901 | 1.337 | 1.746 | 2.120 | 2.583 | 2.921 | 4.015 |
| 17 | 0.6892 | 1.333 | 1.740 | 2.110 | 2.567 | 2.898 | 3.965 |
| 18 | 0.6884 | 1.330 | 1.734 | 2.101 | 2.552 | 2.878 | 3.922 |
| 19 | 0.6876 | 1.328 | 1.729 | 2.093 | 2.539 | 2.861 | 3.883 |
| 20 | 0.6870 | 1.325 | 1.725 | 2.086 | 2.528 | 2.845 | 3.850 |
| 22 | 0.6858 | 1.321 | 1.717 | 2.074 | 2.508 | 2.819 | 3.792 |
| 24 | 0.6848 | 1.318 | 1.711 | 2.064 | 2.492 | 2.797 | 3.745 |
| 26 | 0.6840 | 1.315 | 1.706 | 2.056 | 2.479 | 2.779 | 3.707 |
| 28 | 0.6834 | 1.313 | 1.701 | 2.048 | 2.467 | 2.763 | 3.674 |
| 30 | 0.6828 | 1.310 | 1.697 | 2.042 | 2.457 | 2.750 | 3.646 |
| 40 | 0.6807 | 1.303 | 1.684 | 2.021 | 2.423 | 2.704 | 3.551 |
| 50 | 0.6794 | 1.299 | 1.676 | 2.009 | 2.403 | 2.678 | 3.496 |
| 60 | 0.6786 | 1.296 | 1.671 | 2.000 | 2.390 | 2.660 | 3.460 |
| 120 | 0.6765 | 1.289 | 1.658 | 1.980 | 2.358 | 2.617 | 3.373 |
| ∞ | 0.6745 | 1.282 | 1.645 | 1.960 | 2.326 | 2.576 | 3.291 |

## 付表 4.1　$F$ 分布 ($\alpha = 0.05$)

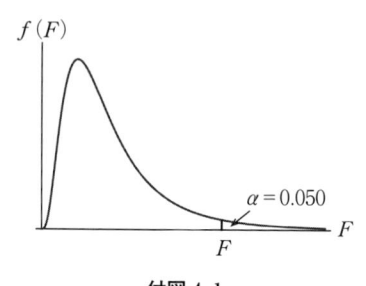

**付図 4.1**

### 付表 4.1　$F$ 分布 ($\alpha = 0.05$)

| n \ m | 1 | 2 | 3 | 4 | 5 | 6 | 7 | 8 | 9 |
|---|---|---|---|---|---|---|---|---|---|
| 1 | 161.45 | 199.50 | 215.71 | 224.58 | 230.16 | 233.99 | 236.77 | 238.88 | 240.54 |
| 2 | 18.513 | 19.000 | 19.164 | 19.247 | 19.296 | 19.330 | 19.353 | 19.371 | 19.385 |
| 3 | 10.128 | 9.552 | 9.277 | 9.117 | 9.013 | 8.941 | 8.887 | 8.845 | 8.812 |
| 4 | 7.709 | 6.944 | 6.591 | 6.388 | 6.256 | 6.163 | 6.094 | 6.041 | 5.999 |
| 5 | 6.608 | 5.786 | 5.409 | 5.192 | 5.050 | 4.950 | 4.876 | 4.818 | 4.772 |
| 6 | 5.987 | 5.143 | 4.757 | 4.534 | 4.387 | 4.284 | 4.207 | 4.147 | 4.099 |
| 7 | 5.591 | 4.737 | 4.347 | 4.120 | 3.972 | 3.866 | 3.787 | 3.726 | 3.677 |
| 8 | 5.318 | 4.459 | 4.066 | 3.838 | 3.687 | 3.581 | 3.500 | 3.438 | 3.388 |
| 9 | 5.117 | 4.256 | 3.863 | 3.633 | 3.482 | 3.374 | 3.293 | 3.230 | 3.179 |
| 10 | 4.965 | 4.103 | 3.708 | 3.478 | 3.326 | 3.217 | 3.135 | 3.072 | 3.020 |
| 11 | 4.844 | 3.982 | 3.587 | 3.357 | 3.204 | 3.095 | 3.012 | 2.948 | 2.896 |
| 12 | 4.747 | 3.885 | 3.490 | 3.259 | 3.106 | 2.996 | 2.913 | 2.849 | 2.796 |
| 16 | 4.494 | 3.634 | 3.239 | 3.007 | 2.852 | 2.741 | 2.657 | 2.591 | 2.538 |
| 20 | 4.351 | 3.493 | 3.098 | 2.866 | 2.711 | 2.599 | 2.514 | 2.447 | 2.393 |
| 30 | 4.171 | 3.316 | 2.922 | 2.690 | 2.534 | 2.421 | 2.334 | 2.266 | 2.211 |
| 40 | 4.085 | 3.232 | 2.839 | 2.606 | 2.449 | 2.336 | 2.249 | 2.180 | 2.124 |
| 50 | 4.034 | 3.183 | 2.790 | 2.557 | 2.400 | 2.286 | 2.199 | 2.130 | 2.073 |
| 60 | 4.001 | 3.150 | 2.758 | 2.525 | 2.368 | 2.254 | 2.167 | 2.097 | 2.040 |

| n \ m | 10 | 11 | 12 | 16 | 20 | 30 | 40 | 50 | 60 |
|---|---|---|---|---|---|---|---|---|---|
| 1 | 241.88 | 242.98 | 243.91 | 246.46 | 248.01 | 250.10 | 251.14 | 251.77 | 252.20 |
| 2 | 19.386 | 19.405 | 19.413 | 19.433 | 19.446 | 19.462 | 19.471 | 19.476 | 19.479 |
| 3 | 8.786 | 8.763 | 8.745 | 8.692 | 8.660 | 8.617 | 8.594 | 8.581 | 8.572 |
| 4 | 5.964 | 5.936 | 5.912 | 5.844 | 5.803 | 5.746 | 5.717 | 5.699 | 5.688 |
| 5 | 4.735 | 4.704 | 4.678 | 4.604 | 4.558 | 4.496 | 4.464 | 4.444 | 4.431 |
| 6 | 4.060 | 4.027 | 4.000 | 3.922 | 3.874 | 3.808 | 3.774 | 3.754 | 3.740 |
| 7 | 3.637 | 3.603 | 3.575 | 3.494 | 3.445 | 3.376 | 3.340 | 3.319 | 3.304 |
| 8 | 3.347 | 3.313 | 3.284 | 3.202 | 3.150 | 3.079 | 3.043 | 3.020 | 3.005 |
| 9 | 3.137 | 3.102 | 3.073 | 2.989 | 2.936 | 2.864 | 2.826 | 2.803 | 2.787 |
| 10 | 2.978 | 2.943 | 2.913 | 2.828 | 2.774 | 2.700 | 2.661 | 2.637 | 2.621 |
| 11 | 2.854 | 2.818 | 2.788 | 2.701 | 2.646 | 2.570 | 2.531 | 2.507 | 2.490 |
| 12 | 2.753 | 2.717 | 2.687 | 2.599 | 2.544 | 2.466 | 2.426 | 2.401 | 2.384 |
| 16 | 2.494 | 2.456 | 2.425 | 2.333 | 2.276 | 2.194 | 2.151 | 2.124 | 2.106 |
| 20 | 2.348 | 2.310 | 2.278 | 2.184 | 2.124 | 2.039 | 1.994 | 1.966 | 1.946 |
| 30 | 2.165 | 2.126 | 2.092 | 1.995 | 1.932 | 1.841 | 1.792 | 1.761 | 1.740 |
| 40 | 2.077 | 2.038 | 2.003 | 1.904 | 1.839 | 1.744 | 1.693 | 1.660 | 1.637 |
| 50 | 2.026 | 1.986 | 1.952 | 1.850 | 1.784 | 1.687 | 1.634 | 1.599 | 1.576 |
| 60 | 1.993 | 1.952 | 1.917 | 1.815 | 1.748 | 1.649 | 1.594 | 1.559 | 1.534 |

## 付表 4.2 $F$ 分布 ($\alpha = 0.025$)

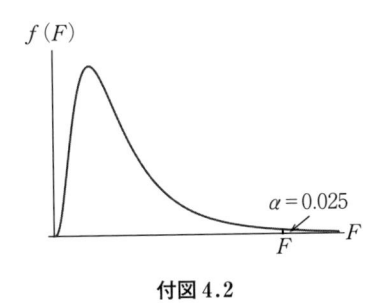

付図 4.2

### 付表 4.2 $F$ 分布 ($\alpha = 0.025$)

| n \ m | 1 | 2 | 3 | 4 | 5 | 6 | 7 | 8 | 9 |
|---|---|---|---|---|---|---|---|---|---|
| 1 | 647.79 | 799.50 | 864.16 | 899.58 | 921.85 | 937.11 | 948.22 | 956.66 | 963.28 |
| 2 | 38.506 | 39.000 | 39.165 | 39.248 | 39.298 | 39.331 | 39.355 | 39.373 | 39.387 |
| 3 | 17.443 | 16.044 | 15.439 | 15.101 | 14.885 | 14.735 | 14.624 | 14.540 | 14.473 |
| 4 | 12.218 | 10.649 | 9.979 | 9.605 | 9.364 | 9.197 | 9.074 | 8.980 | 8.905 |
| 5 | 10.007 | 8.434 | 7.764 | 7.388 | 7.146 | 6.978 | 6.853 | 6.757 | 6.681 |
| 6 | 8.813 | 7.260 | 6.599 | 6.227 | 5.988 | 5.820 | 5.695 | 5.600 | 5.523 |
| 7 | 8.073 | 6.542 | 5.890 | 5.523 | 5.285 | 5.119 | 4.995 | 4.899 | 4.823 |
| 8 | 7.571 | 6.059 | 5.416 | 5.053 | 4.817 | 4.652 | 4.529 | 4.433 | 4.357 |
| 9 | 7.209 | 5.715 | 5.078 | 4.718 | 4.484 | 4.320 | 4.197 | 4.102 | 4.026 |
| 10 | 6.937 | 5.456 | 4.826 | 4.468 | 4.236 | 4.072 | 3.950 | 3.855 | 3.779 |
| 11 | 6.724 | 5.256 | 4.630 | 4.275 | 4.044 | 3.881 | 3.759 | 3.664 | 3.588 |
| 12 | 6.554 | 5.096 | 4.474 | 4.121 | 3.891 | 3.728 | 3.607 | 3.512 | 3.436 |
| 16 | 6.115 | 4.687 | 4.077 | 3.729 | 3.502 | 3.341 | 3.219 | 3.125 | 3.049 |
| 20 | 5.871 | 4.461 | 3.859 | 3.515 | 3.289 | 3.128 | 3.007 | 2.913 | 2.837 |
| 30 | 5.568 | 4.182 | 3.589 | 3.250 | 3.026 | 2.867 | 2.764 | 2.651 | 2.575 |
| 40 | 5.424 | 4.051 | 3.463 | 3.126 | 2.904 | 2.744 | 2.624 | 2.529 | 2.452 |
| 50 | 5.340 | 3.975 | 3.390 | 3.054 | 2.833 | 2.674 | 2.553 | 2.458 | 2.381 |
| 60 | 5.286 | 3.925 | 3.343 | 3.008 | 2.786 | 2.627 | 2.507 | 2.412 | 2.334 |

| n \ m | 10 | 11 | 12 | 16 | 20 | 30 | 40 | 50 | 60 |
|---|---|---|---|---|---|---|---|---|---|
| 1 | 968.63 | 973.03 | 976.71 | 986.92 | 993.10 | 1001.4 | 1005.6 | 1008.1 | 1009.8 |
| 2 | 39.398 | 39.407 | 39.415 | 39.435 | 39.448 | 39.465 | 39.473 | 39.478 | 39.481 |
| 3 | 14.419 | 14.374 | 14.337 | 14.232 | 14.167 | 14.081 | 14.037 | 14.010 | 13.992 |
| 4 | 8.844 | 8.794 | 8.751 | 8.633 | 8.560 | 8.461 | 8.411 | 8.381 | 8.360 |
| 5 | 6.619 | 6.568 | 6.525 | 6.403 | 6.329 | 6.227 | 6.175 | 6.144 | 6.123 |
| 6 | 5.461 | 5.410 | 5.366 | 5.244 | 5.168 | 5.065 | 5.012 | 4.980 | 4.959 |
| 7 | 4.761 | 4.709 | 4.666 | 4.543 | 4.467 | 4.362 | 4.309 | 4.276 | 4.254 |
| 8 | 4.295 | 4.243 | 4.200 | 4.076 | 3.999 | 3.894 | 3.840 | 3.807 | 3.784 |
| 9 | 3.964 | 3.912 | 3.868 | 3.744 | 3.667 | 3.560 | 3.505 | 3.472 | 3.449 |
| 10 | 3.717 | 3.665 | 3.621 | 3.496 | 3.419 | 3.311 | 3.255 | 3.221 | 3.198 |
| 11 | 3.526 | 3.474 | 3.430 | 3.304 | 3.226 | 3.118 | 3.061 | 3.027 | 3.004 |
| 12 | 3.374 | 3.321 | 3.277 | 3.152 | 3.073 | 2.963 | 2.906 | 2.871 | 2.848 |
| 16 | 2.986 | 2.934 | 2.889 | 2.761 | 2.681 | 2.568 | 2.509 | 2.472 | 2.447 |
| 20 | 2.774 | 2.721 | 2.676 | 2.547 | 2.464 | 2.349 | 2.287 | 2.249 | 2.223 |
| 30 | 2.511 | 2.458 | 2.412 | 2.280 | 2.195 | 2.074 | 2.009 | 1.968 | 1.940 |
| 40 | 2.388 | 2.334 | 2.288 | 2.154 | 2.068 | 1.943 | 1.875 | 1.832 | 1.803 |
| 50 | 2.317 | 2.263 | 2.216 | 2.081 | 1.993 | 1.866 | 1.796 | 1.752 | 1.721 |
| 60 | 2.270 | 2.216 | 2.169 | 2.033 | 1.944 | 1.815 | 1.744 | 1.699 | 1.667 |

## 付表4.3 $F$分布 ($\alpha = 0.010$)

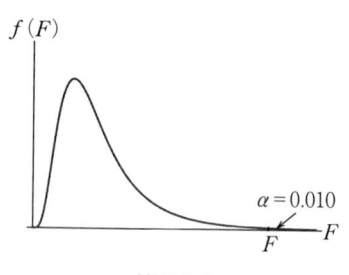

付図4.3

**付表4.3 $F$分布 ($\alpha = 0.010$)**

| n \ m | 1 | 2 | 3 | 4 | 5 | 6 | 7 | 8 | 9 |
|---|---|---|---|---|---|---|---|---|---|
| 1 | 4052.2 | 4999.5 | 5403.4 | 5624.6 | 5763.6 | 5859.0 | 5928.4 | 5981.1 | 6022.5 |
| 2 | 98.503 | 99.000 | 99.166 | 99.249 | 99.299 | 99.333 | 99.356 | 99.374 | 99.388 |
| 3 | 34.116 | 30.817 | 29.457 | 28.710 | 28.237 | 27.911 | 27.672 | 27.489 | 27.345 |
| 4 | 21.198 | 18.000 | 16.694 | 15.977 | 15.522 | 15.207 | 14.976 | 14.799 | 14.659 |
| 5 | 16.258 | 13.274 | 12.060 | 11.392 | 10.967 | 10.672 | 10.456 | 10.289 | 10.158 |
| 6 | 13.745 | 10.925 | 9.780 | 9.148 | 8.746 | 8.466 | 8.260 | 8.102 | 7.976 |
| 7 | 12.246 | 9.547 | 8.451 | 7.847 | 7.460 | 7.191 | 6.993 | 6.840 | 6.719 |
| 8 | 11.259 | 8.649 | 7.591 | 7.006 | 6.632 | 6.371 | 6.178 | 6.029 | 5.911 |
| 9 | 10.561 | 8.022 | 6.992 | 6.422 | 6.057 | 5.802 | 5.613 | 5.467 | 5.351 |
| 10 | 10.044 | 7.559 | 6.552 | 5.994 | 5.636 | 5.386 | 5.200 | 5.057 | 4.942 |
| 11 | 9.646 | 7.206 | 6.217 | 5.668 | 5.316 | 5.069 | 4.886 | 4.744 | 4.632 |
| 12 | 9.330 | 6.927 | 5.953 | 5.412 | 5.064 | 4.821 | 4.640 | 4.499 | 4.388 |
| 16 | 8.531 | 6.226 | 5.292 | 4.773 | 4.437 | 4.202 | 4.026 | 3.890 | 3.780 |
| 20 | 8.096 | 5.849 | 4.938 | 4.431 | 4.103 | 3.871 | 3.699 | 3.564 | 3.457 |
| 30 | 7.562 | 5.390 | 4.510 | 4.018 | 3.699 | 3.473 | 3.304 | 3.173 | 3.067 |
| 40 | 7.314 | 5.179 | 4.313 | 3.828 | 3.514 | 3.291 | 3.124 | 2.993 | 2.888 |
| 50 | 7.171 | 5.057 | 4.199 | 3.720 | 3.408 | 3.186 | 3.020 | 2.890 | 2.785 |
| 60 | 7.077 | 4.977 | 4.126 | 3.649 | 3.339 | 3.119 | 2.953 | 2.823 | 2.718 |

| n \ m | 10 | 11 | 12 | 16 | 20 | 30 | 40 | 50 | 60 |
|---|---|---|---|---|---|---|---|---|---|
| 1 | 6055.8 | 6083.3 | 6106.3 | 6170.1 | 6208.7 | 6260.6 | 6286.8 | 6302.5 | 6313.0 |
| 2 | 99.399 | 99.408 | 99.416 | 99.437 | 99.449 | 99.466 | 99.474 | 99.479 | 99.482 |
| 3 | 27.229 | 27.133 | 27.052 | 26.827 | 26.690 | 26.505 | 26.411 | 26.354 | 26.316 |
| 4 | 14.546 | 14.452 | 14.374 | 14.154 | 14.020 | 13.838 | 13.745 | 13.690 | 13.652 |
| 5 | 10.051 | 9.963 | 9.888 | 9.680 | 9.553 | 9.379 | 9.291 | 9.238 | 9.202 |
| 6 | 7.874 | 7.790 | 7.718 | 7.519 | 7.396 | 7.229 | 7.143 | 7.091 | 7.057 |
| 7 | 6.620 | 6.538 | 6.469 | 6.275 | 6.155 | 5.992 | 5.908 | 5.858 | 5.824 |
| 8 | 5.814 | 5.734 | 5.667 | 5.477 | 5.359 | 5.198 | 5.116 | 5.065 | 5.032 |
| 9 | 5.257 | 5.178 | 5.111 | 4.924 | 4.808 | 4.649 | 4.567 | 4.517 | 4.483 |
| 10 | 4.849 | 4.772 | 4.706 | 4.520 | 4.405 | 4.247 | 4.165 | 4.115 | 4.082 |
| 11 | 4.539 | 4.462 | 4.397 | 4.213 | 4.099 | 3.941 | 3.860 | 3.810 | 3.776 |
| 12 | 4.296 | 4.220 | 4.155 | 3.972 | 3.858 | 3.701 | 3.619 | 3.569 | 3.535 |
| 16 | 3.691 | 3.616 | 3.553 | 3.372 | 3.259 | 3.101 | 3.018 | 2.967 | 2.933 |
| 20 | 3.368 | 3.294 | 3.231 | 3.051 | 2.938 | 2.778 | 2.695 | 2.643 | 2.608 |
| 30 | 2.979 | 2.906 | 2.843 | 2.663 | 2.549 | 2.386 | 2.299 | 2.245 | 2.208 |
| 40 | 2.801 | 2.727 | 2.665 | 2.484 | 2.369 | 2.203 | 2.114 | 2.058 | 2.019 |
| 50 | 2.698 | 2.625 | 2.562 | 2.382 | 2.265 | 2.098 | 2.007 | 1.949 | 1.909 |
| 60 | 2.632 | 2.559 | 2.496 | 2.315 | 2.198 | 2.028 | 1.936 | 1.877 | 1.836 |

## 付表 4.4　$F$ 分布 ($\alpha = 0.005$)

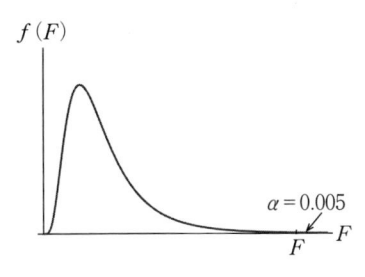

**付図 4.4**

**付表 4.4**　$F$ 分布 ($\alpha = 0.005$)

| n＼m | 1 | 2 | 3 | 4 | 5 | 6 | 7 | 8 | 9 |
|---|---|---|---|---|---|---|---|---|---|
| 1 | 16211 | 20000 | 21615 | 22500 | 23056 | 23437 | 23715 | 23925 | 24091 |
| 2 | 198.50 | 199.00 | 199.17 | 199.25 | 199.30 | 199.33 | 199.36 | 199.37 | 199.39 |
| 3 | 55.552 | 49.799 | 47.467 | 46.195 | 45.392 | 44.838 | 44.434 | 44.126 | 43.882 |
| 4 | 31.333 | 26.284 | 24.259 | 23.155 | 22.456 | 21.975 | 21.622 | 21.352 | 21.139 |
| 5 | 22.785 | 18.314 | 16.530 | 15.556 | 14.940 | 14.513 | 14.200 | 13.961 | 13.772 |
| 6 | 18.635 | 14.544 | 12.917 | 12.028 | 11.464 | 11.073 | 10.786 | 10.566 | 10.391 |
| 7 | 16.236 | 12.404 | 10.882 | 10.050 | 9.522 | 9.155 | 8.885 | 8.678 | 8.514 |
| 8 | 14.688 | 11.042 | 9.596 | 8.805 | 8.302 | 7.952 | 7.694 | 7.496 | 7.339 |
| 9 | 13.614 | 10.107 | 8.717 | 7.956 | 7.471 | 7.134 | 6.885 | 6.693 | 6.541 |
| 10 | 12.826 | 9.427 | 8.081 | 7.343 | 6.872 | 6.545 | 6.302 | 6.116 | 5.968 |
| 11 | 12.226 | 8.912 | 7.600 | 6.881 | 6.422 | 6.102 | 5.865 | 5.682 | 5.537 |
| 12 | 11.754 | 8.510 | 7.226 | 6.521 | 6.071 | 5.757 | 5.525 | 5.345 | 5.202 |
| 16 | 10.575 | 7.514 | 6.303 | 5.638 | 5.212 | 4.913 | 4.692 | 4.521 | 4.384 |
| 20 | 9.944 | 6.986 | 5.818 | 5.174 | 4.762 | 4.472 | 4.257 | 4.090 | 3.956 |
| 30 | 9.180 | 6.355 | 5.239 | 4.623 | 4.228 | 3.949 | 3.742 | 3.580 | 3.450 |
| 40 | 8.828 | 6.066 | 4.976 | 4.374 | 3.986 | 3.713 | 3.509 | 3.350 | 3.222 |
| 50 | 8.626 | 5.902 | 4.826 | 4.232 | 3.849 | 3.579 | 3.376 | 3.219 | 3.092 |
| 60 | 8.495 | 5.795 | 4.729 | 4.140 | 3.760 | 3.492 | 3.291 | 3.134 | 3.008 |

| n＼m | 10 | 11 | 12 | 16 | 20 | 30 | 40 | 50 | 60 |
|---|---|---|---|---|---|---|---|---|---|
| 1 | 24224 | 24334 | 24426 | 24681 | 24836 | 25044 | 25148 | 25211 | 25253 |
| 2 | 199.40 | 199.41 | 199.42 | 199.44 | 199.45 | 199.47 | 199.47 | 199.48 | 199.48 |
| 3 | 43.686 | 43.524 | 43.387 | 43.008 | 42.778 | 42.466 | 42.308 | 42.213 | 42.149 |
| 4 | 20.967 | 20.824 | 20.705 | 20.371 | 20.167 | 19.892 | 19.752 | 19.667 | 19.611 |
| 5 | 13.618 | 13.491 | 13.384 | 13.086 | 12.903 | 12.656 | 12.530 | 12.454 | 12.402 |
| 6 | 10.250 | 10.133 | 10.034 | 9.758 | 9.589 | 9.358 | 9.241 | 9.170 | 9.122 |
| 7 | 8.380 | 8.270 | 8.176 | 7.915 | 7.754 | 7.534 | 7.422 | 7.354 | 7.309 |
| 8 | 7.211 | 7.104 | 7.015 | 6.763 | 6.608 | 6.396 | 6.288 | 6.222 | 6.177 |
| 9 | 6.417 | 6.314 | 6.227 | 5.983 | 5.832 | 5.625 | 5.519 | 5.454 | 5.410 |
| 10 | 5.847 | 5.746 | 5.661 | 5.422 | 5.274 | 5.071 | 4.966 | 4.902 | 4.859 |
| 11 | 5.418 | 5.320 | 5.236 | 5.001 | 4.855 | 4.654 | 4.551 | 4.488 | 4.445 |
| 12 | 5.085 | 4.988 | 4.906 | 4.674 | 4.530 | 4.331 | 4.228 | 4.165 | 4.123 |
| 16 | 4.272 | 4.179 | 4.099 | 3.875 | 3.734 | 3.539 | 3.437 | 3.375 | 3.332 |
| 20 | 3.847 | 3.756 | 3.678 | 3.457 | 3.318 | 3.123 | 3.022 | 2.959 | 2.916 |
| 30 | 3.344 | 3.255 | 3.179 | 2.961 | 2.823 | 2.628 | 2.524 | 2.459 | 2.415 |
| 40 | 3.117 | 3.028 | 2.953 | 2.737 | 2.598 | 2.401 | 2.296 | 2.230 | 2.184 |
| 50 | 2.988 | 2.900 | 2.825 | 2.609 | 2.470 | 2.272 | 2.164 | 2.097 | 2.050 |
| 60 | 2.904 | 2.817 | 2.742 | 2.526 | 2.387 | 2.187 | 2.079 | 2.010 | 1.962 |

# 引用・参考文献

本書の執筆にあたっては，全体を通して以下の文献を参考にしている．

- 村上正康，安田正實：統計学演習，培風館（1989）
- 東京大学教養学部統計学教室 編：統計学入門，東京大学出版会（1991）
- 秋山孝正，上田孝行 編著：すぐわかる計画数学，コロナ社（1998）
- 宮川公男：基本統計学，有斐閣（1999）
- D. ロウントリー著・加納 悟 訳：新・涙なしの統計学，新世社（2001）
- 本郷 靖：コンクリート技術者のための統計的方法手引（改訂版），日本規格協会（2001）
- 水野勝之：テキスト経済数学〈第2版〉，中央経済社（2004）
- Ang, A. H-S., Tang, W. H.著，伊藤 學，亀田弘行 監訳，能島暢呂，阿部雅人 訳：改訂 土木・建築のための確率・統計の基礎，丸善出版（2007）
- 向後千春，冨永敦子：統計学が分かる―回帰分析・因子分析編，技術評論社（2009）
- 岸 学，吉田裕明：ツールとしての統計分析―Excelの基本からデータ入力・集計・分析まで，オーム社（2010）
- 涌井良幸，涌井貞美：統計解析がわかる，技術評論社（2010）
- 栗原伸一：入門統計学，オーム社（2011）
- 小林潔司，織田澤利守：確率統計学 A to Z，電気書院（2012）
- 関根嘉香：品質管理の統計学 ―製造現場に生かす統計手法，オーム社（2012）
- 日本統計学会 編：統計学基礎，東京図書（2012）
- 森棟公夫：教養 統計学，新世社（2012）
- 唐渡広志：44の例題で学ぶ計量経済学，オーム社（2013）
- 新田保次 監修，松村暢彦 編著：図説わかる土木計画，学芸出版社（2013）
- 松原 望 監修，森崎初男 著：経済データの統計学，オーム社（2014）
- 山下隆之，石橋太郎，伊東暁人，上藤一郎，黄 愛珍，鈴木拓也：はじめよう経済学のための情報処理［第4版］―Excelによるデータ処理とシミュレーション―，日本評論社（2014）
- 浅見泰司：都市工学の数理 基礎編，日本評論社（2015）

# 1章

1) Ang, A. H-S., Tang, W.H. 著，伊藤　學，亀田弘行 監訳，能島暢呂，阿部雅人 訳：改訂 土木・建築のための確率・統計の基礎，丸善出版（2007）
2) 田栗正明：統計学とその応用，日本放送出版協会（放送大学教材）（2005）

# 2章

1) Stevens, S.S.：On the Theory of Scales of Measurement, Science, Vol. 103, No. 2684, pp.677-680（1946）
2) （独）産業技術総合研究所 計量標準総合センター 訳・監修：国際文書第8版 国際単位系（SI）日本語版（2006）
3) 東京都市圏交通計画協議会：第5回東京都市圏パーソントリップ調査，http://www.tokyo-pt.jp/（2008）
4) 気象庁：過去の気象データ検索，http://www.data.jma.go.jp/obd/stats/etrn/index.php
5) 国土交通省：水文水質データベース，http://www1.river.go.jp/
6) 内閣府：県民経済計算，http://www.esri.cao.go.jp/jp/sna/sonota/kenmin/kenmin_top.html

# 3章

1) Max Born（Ed.）：The Born-Einstein Letters, Walker and Company（1971）
2) 厚生労働省：平成25年 国民生活基礎調査の概要 http://www.mhlw.go.jp/toukei/saikin/hw/k-tyosa/k-tyosa13/（2014）
3) 東京大学教養学部統計学教室 編，統計学入門，東京大学出版会（1991）
4) 宮川公男：基本統計学 第3版，有斐閣（1999）
5) 地盤工学会：地盤材料の工学的分類法，JGS0051：2009（2009）
6) 小波秀雄：統計学入門，http://ruby.kyoto-wu.ac.jp/~konami/Text（2015）
7) 松原 望：松原望の確率過程超！入門，東京図書（2011）
8) 農林水産省北陸農政局新川流域農業水利事業所：新川右岸排水機場の更新による効果，http://www.maff.go.jp/hokuriku/kokuei/shinkawa/kengakukai.html（2012）
9) 増山元三郎：数に語らせる 第2版，岩波書店（1980）
10) 栗原伸一：入門統計学，オーム社（2011）

## 4章

1) 本多則恵：インターネット調査・モニター調査の特質モニター型インターネット調査を活用するための課題，日本労働研究雑誌，No.551（2006）
2) 東京大学教養学部統計学教室 編：統計学入門，東京大学出版会（1991）
3) Crow, E.L. and Shimizu, K.：Lognormal Distributions：Theory and Applications, Marcel Dekker, Inc., New York（1988）
4) Agresti, A. and Coull, B.A.：Approximate is better than "Exact" for intercal estimation of binomial proportions, The American Statistician, Vol.52, No.2（1998）
5) Ang, A. H-S., Tang, W.H. 著，伊藤 學，亀田弘行 監訳，能島暢呂，阿部雅人 訳：改訂 土木・建築のための確率・統計の基礎，丸善出版（2007）

## 5章

1) 宮川公男：基本統計学，有斐閣（1999）
2) 東京大学教養学部統計学教室 編：統計学入門，東京大学出版会（1991）
3) 栗原伸一：入門統計学，オーム社（2011）
4) Ang, A. H-S., Tang, W.H. 著，伊藤 學，亀田弘行 監訳，能島暢呂，阿部雅人 訳：改訂 土木・建築のための確率・統計の基礎，丸善出版（2007）
5) 国土交通省：平成24年度大都市交通センサス分析調査 調査結果概要版（2013）

## 6章

1) 交通事故分析センター（ITARDA）：交通統計，交通事故分析センター（2009）
2) 交通事故分析センター（ITARDA）：交通事故統計年報（平成21年），交通事故分析センター（2009）
3) 都市計画協会：平成22年都市計画年報，都市計画協会（2011）
4) 東京都：東京都の統計，http://www.toukei.metro.tokyo.jp/tnenkan/tn-index.htm
5) 区画整理促進機構：平成26年度版区画整理年報，区画整理促進機構（2015）
6) 近藤 愛，大沢昌玄，岸井隆幸：東京近郊の鉄道結節点における乗降客数・乗換え構造・容積率指定に関する研究，日本都市計画学会，都市計画論文集 No.45-3, pp.703-708（2010）
7) 国土交通省都市局都市計画課：都市構造の評価に関するハンドブック（2014）
8) 国土交通省都市局都市計画課：都市構造の評価に関するハンドブック（2014）
9) 国土交通省国土審議会政策部会長期展望委員会：「国土の長期展望」中間とりまとめ（2011）

# 演習問題解答

## 2章
【1】 度数分布表：略，ヒストグラム：略，最大値：82 km/h，最小値：28 km/h，中央値：52.5 km/h（階級幅5 km/hのとき），最頻値：47.5 および 62.5 km/h（階級幅5 km/hのとき），平均値：52.5 km/h，分散：127.8(km/h)$^2$，標準偏差：11.3 km/h。

【2】（1）略
　　（2）[人口]　最小値：589 千人，最大値：13 159 千人，平均値：2 725 千人，分散：7 040 852（千人）$^2$，標準偏差：2 653 千人
　　　　[面積]　最小値：1 862 km$^2$，最大値：83 457 km$^2$，平均値：7 769 km$^2$，分散：134 194 754（km$^2$）$^2$，標準偏差：11 584 km$^2$
　　　　[人口密度]　最小値：66 人/km$^2$，最大値：6 254 人/km$^2$，平均値：674 人/km$^2$，分散：1 404 873（人/km$^2$）$^2$，標準偏差1 185 人/km$^2$
　　（3）略

【3】（1）略　（2）略
【4】（1）略　（2）略

## 3章
【1】（1）期待値 = 平均値 = $np$ = 4
　　（2）$P(5, 5, 0.8) = 0.3276\cdots$，よって0.328
【2】（1）$P(x, n, p) = P(0, 5, 0.03) = 0.8587\cdots$，よって0.859
　　（2）$P(1, 5, 0.03) = 0.1327\cdots$，よって0.133
　　（3）$1 - P(0, 5, 0.03) = 0.1413\cdots$，よって0.141
【3】（1）$P(x, n, p) = P(10, 200, 0.01) = 0.00003$
　　（2）$P(0, 200, 0.01) = 0.134$
　　（3）$\mu = np = 2$ 台
　　（4）$\sigma = \sqrt{np(1-p)} = 1.407$，よって1.41 台
【4】設計風速から $p = 0.01$。二項分布から $P(x, n, p) = P(1, 10, 0.01) = 0.0914$
【5】ポアソン分布が妥当。
　　（1）$\lambda = np = 0.3$。よって平均0.3 個。$\sigma = \sqrt{np}$ より，標準偏差は0.548

（2） $f(0)=0.7408$　　　（3） $f(2)=0.0333$

【6】 平均交通量を1分当りに換算すると $(320/60)$ 台 $/\min=\lambda=np$
$f(3)=0.1220\cdots$，よって 0.122

【7】（1） 200 ml 当りの平均値は $0.4$ 個 $=\lambda=np$
200 ml に1個も含まない確率は $f(0)=0.6703\cdots$。
$1-f(0)=0.3296\cdots$，よって 0.330
（2） $f(0)^2=0.4493\cdots$，よって 0.449
（3） $p=1-f(0)$ の二項分布として，$P(x, n, p)=P(3, 5, 0.330)=0.1610\cdots$。
よって 0.161。

【8】 $z=-1.5$。標準正規分布表から $P=1-0.9332=0.0668$

【9】 標準正規分布表より，確率 95% のときの $z$ 値は 1.64 あるいは 1.65
よって，$260+32\times1.64$（または 1.65）$=312.48$（または 312.8）
粗品の数は自然数であり，繰上げが妥当。313 個

【10】（1） 2500 本　　　（2） $z=1$ より存在確率は 0.1587，よって 794 本
（3） 存在確率は 0.9270。よって 4635 本
（4） $z=-1.88$ として 15.6 cm

## 4 章

【1】 母平均の推定（母分散が未知の場合）。$\pm t_{0.025, 9}=\pm2.262$，$\hat{\sigma}=3.55$，$\bar{x}=261.2$ であるため，$\mu_{0.95}=[258.7, 263.7]$ N/mm$^2$ である。

【2】 母平均の推定（母分散が既知の場合）。$\sigma=3$，$z_{0.025}=1.96$ であるため，$\mu_{0.95}=[259.3, 263.1]$ N/mm$^2$ である。

【3】 式（4.21）より，15.4 となる。したがって，16 サンプル以上のデータが必要である。

【4】 母平均の差の推定（母分散が既知の場合）。$z_{0.025}=1.96$ であり，式（4.25）より，$\mu_1-\mu_{0.95}=[2.2, 5.8]$ mg/$l$ である。

【5】 母平均の差の推定（母分散が未知で等しくない場合）。$\nu=15.7$ のため，最も近い整数である 16 を $t$ 値の自由度として計算する。$t_{0.025, 16}=2.120$ より，$\mu_1-\mu_2=[3.91, 28.09]$ km/h。

【6】 母比率の推定。$z_{0.025}=1.96$ であり，式（4.38）より，$(p_0)_{0.95}=[16.1, 21.5]$ % である。

【7】 式（4.40）より，1536.3 となる。したがって，1537 サンプル以上のデータが必要である。

【8】 母分散の推定。上側信頼限界の推定のため，式（4.47）を用いる。

$\chi^2_{0.05, 14} = 6.571$ であるため,$\sigma^2_{0.95} = 639.2 \, \mathrm{m^3/s}$ となる。

【9】 母分散の比の推定。$F_{0.975, (9, 9)} = 4.026$, $F_{0.025, (9, 9)} = \dfrac{1}{4.026}$ である。

式 (4.51) を用いて計算すると,分散比 $\hat{\sigma}_B^2 / \hat{\sigma}_A^2 = [1.05, 16.99] > 1$ であり,路線 A のほうが旅行時間のばらつきが大きい。

## 5 章

【1】 母平均の検定(片側検定(上側))。$t_{0.05, 14} = 1.76$。$t > t_{0.05, 14}$ (2.90>1.76) となり,帰無仮説は棄却されることから,利用者は増加しているといえる。

【2】 母平均の検定(両側検定)。$z > z_{0.025}$ (4.10>1.96) となり,帰無仮説は棄却されることから,過去 30 年間の 9 月平均気温と比べて差があるといえる。

【3】 母比率の検定。$z < z_{0.05}$ (0.67<1.645) となり,帰無仮説は棄却されないことから,パーソントリップ調査の外出率より高いとはいえない。

【4】 母平均の差の検定(片側検定)。等分散の検定($F$ 検定)は,$F < F_{0.025}$ (1.04<9.605) となり,帰無仮説は棄却されないことから,母分散には差があるとはいえない(等分散と仮定できる)。

母平均の差の検定は,$t > t_{0.05, 8}$ (6.81>1.860) となり,帰無仮説は棄却されることから,今年は昨年に比べて強度が低下しているといえる。

【5】 適合度検定。$\chi^2 < \chi^2_{0.05, 4}$ (1.61<9.488) となり,帰無仮説は棄却されないことから,大都市交通センサスの年齢構成と同様でないとはいえない。

【6】 独立性検定。$\chi^2 > \chi^2_{0.05, 2}$ (14.79>5.991) となり,帰無仮説は棄却されることから,年齢階層と通院頻度は独立でない(関係がある)といえる。

## 6 章

【1】 Excel を用いて算出。小数第何位で四捨五入するかによって多少結果が異なる。

(1) $S_{xx} = 0.03$, $S_{yy} = 422\,306$, $S_{xy} = -95.50$

(2) $b = \dfrac{S_{xy}}{S_{xx}} = -3\,150$, $a = \bar{y} - b\bar{x} = 975$

(3) $R^2 = \dfrac{S_{xy}^2}{S_{xx} \cdot S_{yy}} = 0.712$。回帰式の当てはまりはよい。回帰式は,$y = 975 - 3\,150x$ である。パラメータ $b$ は負の値であり,商業系用途面積が占める割合が高いほど,夜間人口は少ないといえる。

【2】（1） 散布図は**解図 6.1** のようになる。

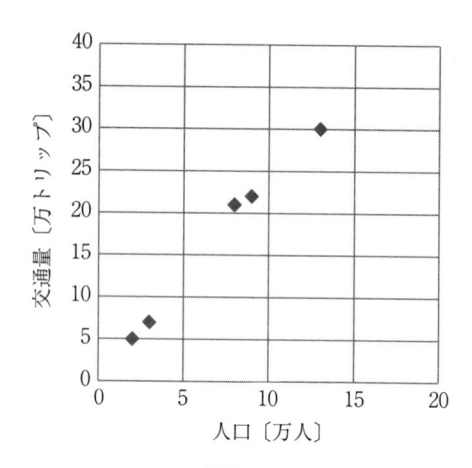

**解図 6.1**

（2） $a = 0.610$, $b = 2.341$, $R^2 = 0.990$
決定係数は 1 に近く，回帰式の精度はよいといえる。
（3） 1 000 人増加する場合の交通量を求めることから
2.341 × 1 000 = 2 341
（4） $t_{b0} = 17.431$, $t_{0.025, 3} = 3.182$, $t_{b0} > t_{0.025, 3}$ であることから，信頼度は高いといえる。

【3】（1） 相関分析結果は**解表 6.1** のようになる。

**解表 6.1**

|  | 地区面積 | 道　路 | 公　園 | その他 | 戸　建 | 集　合 | その他 | 計画人口 |
|---|---|---|---|---|---|---|---|---|
| 計画人口 | 0.60 | 0.55 | −0.83 | 0.29 | 0.72 | 0.53 | −0.10 | 1.00 |

（2） 計画人口と最も強い関係にあるのは，戸建となる（相関 $r = 0.72$）。

【4】（1） 要移転戸数との $r = 0.70$，事業面積との $r = 0.67$ であり，事業費は要移転戸数と事業面積と関係があると考えられる。
（2） 事業費を軽減するためには，事業により移転する戸数が少ないことと，事業面積を小さくすることが考えられる。

# 索　引

## 【あ行】

| | |
|---|---:|
| 誤　り | 118 |
| 異常値 | 151 |
| 一様分布 | 69 |
| 一致性 | 78 |
| 移動平均 | 23 |
| 因果関係 | 157 |

## 【か行】

| | |
|---|---:|
| 回帰係数 | 160 |
| 回帰式 | 160 |
| 回帰分析 | 159 |
| 回帰方程式 | 160 |
| 階　級 | 14 |
| 階級値 | 14 |
| 確　率 | 42 |
| 確率関数 | 45 |
| 確率質量関数 | 45, 49 |
| 確率分布 | 42 |
| 確率変数 | 42 |
| 確率密度関数 | 45, 58 |
| 加重平均 | 22 |
| 仮　説 | 115 |
| 仮説検定 | 115 |
| 片側検定 | 119 |
| 合併した分散 | 98 |
| 下方信頼限界 | 80 |
| 間隔尺度 | 10 |
| 観測値 | 149 |
| 観測度数 | 135 |
| 幾何分布 | 70 |
| 幾何平均 | 20 |
| 棄　却 | 116 |
| 棄却域 | 117 |
| 疑似相関 | 158 |
| 期待度数 | 135 |
| 帰無仮説 | 115 |
| 区間推定 | 77 |
| クロス集計表 | 140 |
| 決定係数 | 163 |
| 検出力 | 119 |
| 検定統計量 | 116 |

## 【さ行】

| | |
|---|---:|
| 最小二乗法 | 160 |
| 最小値 | 27 |
| 最大値 | 27 |
| 採　択 | 116 |
| 採択域 | 117 |
| 最頻値 | 24 |
| 最尤推定量 | 79, 102 |
| 最尤法 | 78 |
| 算術平均 | 20 |
| 散布図 | 149 |
| 散布度 | 27 |
| 指数分布 | 70 |
| 質的データ | 10, 121 |
| 四分位数 | 27 |
| 四分位範囲 | 27 |
| 四分位偏差 | 27 |
| 重回帰分析 | 168 |
| 従属変数 | 160 |
| 自由度 | 83 |
| 順序尺度 | 10 |
| 上方信頼限界 | 80 |
| 信頼区間 | 80 |
| 信頼係数 | 80 |
| 推　定 | 75 |
| 推定量 | 78 |
| スタージェスの公式 | 18 |
| スチューデントの $t$ 統計量 | 89 |
| 生起確率 | 42 |
| 正規分布 | 58, 122 |
| 正にひずんだ分布 | 32 |
| 正の相関 | 153 |
| 説明変数 | 160 |
| 線形回帰 | 160 |
| 尖　度 | 33 |
| 相　関 | 152 |
| 相関係数 | 153 |
| 測定尺度 | 9 |

## 【た行】

| | |
|---|---:|
| 第1種の誤り | 119 |
| 対数正規分布 | 71 |
| 大数の法則 | 82, 122 |
| 対数尤度関数 | 79 |
| 第2種の誤り | 119 |
| 代表値 | 20 |
| 対立仮説 | 115 |
| 多重共線性 | 169 |
| 単回帰分析 | 159 |
| 中央値 | 24 |
| 中心極限定理 | 81, 122 |
| 調和平均 | 21 |
| 適合度検定 | 134 |
| 点推定 | 77 |
| 統　計 | 2 |
| 統計学 | 2 |
| 統計的推論 | 76 |
| 等分散の検定 | 131 |
| 独立性検定 | 140 |
| 独立変数 | 160 |
| 度　数 | 14 |
| 度数分布表 | 14 |

## 【な行】

| | |
|---|---:|
| 二項分布 | 50 |
| 二標本問題 | 96 |

## 【は行】

| | |
|---|---:|
| 背理法 | 118 |
| 箱ヒゲ図 | 28 |
| 外れ値 | 27, 151 |
| 範囲 | 27 |
| ピアソンの $\chi^2$ 値 | 135 |
| ヒストグラム | 17, 36 |
| 被説明変数 | 160 |
| 非線形回帰 | 166 |
| 左にひずんだ分布 | 32 |
| 標準化 | 61, 85 |
| 標準正規分布 | 61, 86 |
| 標準偏差 | 30 |
| 標本 | 75, 113 |
| 標本調査 | 76 |
| 標本分布 | 116 |
| 比例尺度 | 10 |
| フィッシャーの分散比 | 109 |
| 不確定性 | 2 |
| 負にひずんだ分布 | 32 |
| 負の相関 | 154 |
| 不偏推定量 | 78 |
| 不偏性 | 78 |
| 不偏統計量 | 30 |
| 不偏標準偏差 | 30 |
| 不偏分散 | 30, 83 |
| 分散 | 28 |
| 分布 | 13 |
| 分布関数 | 46 |
| 平均 | 20 |
| 平均値 | 20 |
| ベルカーブ | 59 |
| ベルヌーイ試行 | 47, 102 |
| 偏差 | 29 |
| 偏相関係数 | 158 |
| 変動係数 | 31 |
| ポアソン分布 | 53 |
| 母集団 | 75, 113 |
| 母数 | 75, 113 |

## 【ま行】

| | |
|---|---:|
| 右にひずんだ分布 | 32 |
| 無作為抽出 | 76 |
| 無相関 | 154 |
| 無相関検定 | 156 |
| 名義尺度 | 10 |
| モーメント法 | 78 |
| 目的変数 | 160 |

## 【や行】

| | |
|---|---:|
| 有意水準 | 80, 117 |
| 有効推定量 | 78 |
| 有効性 | 78 |
| 尤度関数 | 79 |

## 【ら行】

| | |
|---|---:|
| ランダムサンプリング | 76 |
| 離散型確率変数 | 44, 49 |
| 離散型の確率分布 | 44 |
| 離散型の分布 | 49 |
| 両側検定 | 119 |
| 量的データ | 10, 121 |
| 理論度数 | 135 |
| 臨界値 | 117 |
| 累積分布関数 | 46 |
| 連続型確率変数 | 45 |
| 連続型の確率分布 | 45 |

## 【わ行】

| | |
|---|---:|
| 歪度 | 33 |

## 【英字】

| | |
|---|---:|
| CDF | 46 |
| CV | 31 |
| $F$ 検定 | 100, 131 |
| $F$ 値 | 109 |
| $F$ 分布 | 109 |
| MLE | 79 |
| PDF | 45 |
| PMF | 45 |
| $P$ 値 | 144 |
| $t$ 分布 | 89 |
| Wald の式 | 103 |
| Welch の検定 | 131 |
| $\chi^2$ 分布 | 106 |

## 【Excel 関数】

| | |
|---|---:|
| BINOM.DIST 関数 | 72 |
| NORM.DIST 関数 | 72 |
| NORM.S.DIST 関数 | 72 |
| PEARSON 関数 | 170 |
| POISSON.DIST 関数 | 72 |

―― 著者略歴 ――

**轟　朝幸**（とどろき　ともゆき）
- 1988 年　日本大学理工学部交通土木工学科卒業
- 1990 年　日本大学大学院理工学研究科博士前期課程修了（交通土木工学専攻）
- 1993 年　日本大学大学院理工学研究科博士後期課程修了（交通土木工学専攻）
博士（工学）
- 1993 年　日本大学助手
- 1994 年　東京大学助手
- 1996 年　東京大学講師
- 1997 年　高知工科大学助教授
- 2003 年　日本大学助教授
- 2007 年　日本大学准教授
- 2008 年　日本大学教授
現在に至る
- 2011 年　高知工科大学客員教授（兼務）
- 〜14 年

**大沢　昌玄**（おおさわ　まさはる）
- 1997 年　日本大学理工学部土木工学科卒業
- 1997 年　住宅・都市整備公団
- 1999 年　都市基盤整備公団
- 2003 年　日本大学助手
- 2008 年　博士（工学）（日本大学）
- 2009 年　日本大学専任講師
- 2013 年　日本大学准教授
- 2016 年　日本大学教授
現在に至る

**小沼　晋**（こぬま　すすむ）
- 1994 年　東京大学工学部都市工学科卒業
- 1996 年　東京大学大学院工学系研究科修士課程修了（都市工学専攻）
- 1999 年　東京大学大学院工学系研究科博士後期課程修了（都市工学専攻）
博士（工学）
- 1999 年　日本下水道事業団技術開発部非常勤職員
- 2000 年　運輸省港湾技術研究所海洋環境部海水浄化研究室研究官
- 2001 年　独立行政法人港湾空港技術研究所海洋・水工部沿岸生態研究室研究官
- 2003 年　独立行政法人港湾空港技術研究所海洋・水工部主任研究官
- 2010 年　日本大学助教
- 2016 年　日本大学准教授
現在に至る

**金子　雄一郎**（かねこ　ゆういちろう）
- 1996 年　日本大学理工学部交通土木工学科卒業
- 1998 年　日本大学大学院理工学研究科博士前期課程修了（交通土木工学専攻）
- 2001 年　日本大学大学院理工学研究科博士後期課程修了（交通土木工学専攻）
博士（工学）
- 2001 年　財団法人運輸政策研究機構運輸政策研究所研究員
- 2004 年　財団法人運輸政策研究機構調査室調査役
- 2006 年　日本大学専任講師
- 2010 年　日本大学准教授
- 2016 年　日本大学教授
現在に至る

**長谷部　寛**（はせべ　ひろし）
- 2001 年　日本大学理工学部土木工学科卒業
- 2003 年　日本大学大学院理工学研究科博士前期課程修了（土木工学専攻）
- 2003 年　日本大学助手
- 2010 年　博士（工学）（日本大学）
- 2011 年　日本大学専任講師
- 2017 年　日本大学准教授
現在に至る

**川﨑　智也**（かわさき　ともや）
- 2006 年　日本大学理工学部土木工学科卒業
- 2008 年　アジア工科大学院工学技術研究科博士前期課程修了（交通工学専攻）
- 2011 年　東京工業大学大学院理工学研究科博士後期課程単位取得退学（国際開発工学専攻）
- 2011 年　公益財団法人日本海事センター研究員
- 2012 年　博士（工学）（東京工業大学）
- 2013 年　日本大学助教
- 2016 年　東京工業大学助教
- 2020 年　東京大学講師
現在に至る

## 土木・交通工学のための統計学
― 基礎と演習 ―
Statistics for Civil and Transportation Engineering
&copy; Todoroki, Kaneko, Oosawa, Hasebe, Konuma, Kawasaki 2015

2015年10月16日　初版第1刷発行
2023年9月10日　初版第7刷発行

検印省略

| 著　者 | 轟 | 朝　幸 |
| | 金　子 | 雄一郎 |
| | 大　沢 | 昌　玄 |
| | 長 谷 部 | 寛 |
| | 小　沼 | 晋 |
| | 川　﨑 | 智　也 |

発行者　株式会社　コロナ社
　　　　代表者　牛来真也
印刷所　萩原印刷株式会社
製本所　有限会社　愛千製本所

112-0011　東京都文京区千石4-46-10
発行所　株式会社　コロナ社
CORONA PUBLISHING CO., LTD.
Tokyo Japan
振替 00140-8-14844・電話 (03)3941-3131(代)
ホームページ https://www.coronasha.co.jp

ISBN 978-4-339-05249-7　C3051　Printed in Japan　　(安達)

JCOPY　<出版者著作権管理機構　委託出版物>

本書の無断複製は著作権法上での例外を除き禁じられています。複製される場合は、そのつど事前に、出版者著作権管理機構（電話 03-5244-5088, FAX 03-5244-5089, e-mail: info@jcopy.or.jp）の許諾を得てください。

本書のコピー，スキャン，デジタル化等の無断複製・転載は著作権法上での例外を除き禁じられています。購入者以外の第三者による本書の電子データ化及び電子書籍化は，いかなる場合も認めていません。
落丁・乱丁はお取替えいたします。